油品储运实用技术培训教材

输 油 技 术

中国石化管道储运有限公司 编

U0318981

中国石化出版社

内 容 提 要

《输油技术》是《油品储运实用技术培训教材》系列之一,主要内容包括输油管道发展历程和概况、管道运行基础理论、常温和热输原油管道输送工艺、常见输油工艺流程和原油输送改进措施、原油管道投产及运行管理、原油管道优化运行、调控和码头接卸管理概况及要点、输油生产应急管理及典型案例分析。

本书是针对输油运行管理和操作人员进行员工岗位技能培训的必备教材,也是输油专业技术人员必备的参考书。

图书在版编目（CIP）数据

输油技术/中国石化管道储运有限公司编. —北京：
中国石化出版社，2019.10
油品储运实用技术培训教材
ISBN 978－7－5114－4987－0

Ⅰ.①输… Ⅱ.①中… Ⅲ.①输油－工艺－技术培训
－教材 Ⅳ.①TE8

中国版本图书馆 CIP 数据核字（2019）第 210151 号

中国石化出版社出版发行

地址:北京市东城区安定门外大街 58 号
邮编:100011 电话:(010)57512500
发行部电话:(010)57512575
http://www.sinopec-press.com
E-mail:press@sinopec.com
北京科信印刷有限公司印刷
全国各地新华书店经销

*
787×1092 毫米 16 开本 14 印张 342 千字
2020 年 1 月第 1 版 2020 年 1 月第 1 次印刷
定价:68.00 元

《油品储运实用技术培训教材》
编审委员会

《输油技术》
编写委员会

主　　编：邓　彦

副主编：田洪波

编　　委：（以姓氏音序排列）

杜　娟　葛道明　李　静　李　桢

刘泽鑫　王军防　王连勇　王长保

王自发　杨海鹏　于　悦　郁振华

张　兴　赵　磊　赵新颖　周中强

序

管道运输作为我国现代综合交通运输体系的重要组成部分，有着独特的优势，与铁路、公路、航空水路相比投资要省得多，特别是对于具有易燃特性的油气运输、资源储备来说，更有着安全、密闭等特点，对保证我国油气供应和能源安全具有极其重要的意义。

中国石化管道储运有限公司是原油储运专业公司，在多年生产运行过程中，积累了丰富的专业技术经验、技能操作经验和管道管理经验，也练就了一支过硬的人才队伍和专家队伍。公司的发展，关键在人才，根本在提高员工队伍的整体素质，员工技术培训是建设高素质员工队伍的基础性、战略性工程，是提升技术能力的重要途径。基于此，管道储运有限公司组织相关专家，编写了《油品储运实用技术培训教材》。本套培训教材分为《输油技术》《原油计量与运销管理》《储运仪表及自动控制技术》《电气技术》《储运机泵及阀门技术》《储运加热炉及油罐技术》《管道运行技术与管理》《储运 HSE 技术》《管道抢维修技术》《管道检测技术》《智能化管线信息系统应用》等 11 个分册。

本套教材内容将专业技术和技能操作相结合，基础知识以简述为主，重点突出技能，配有丰富的实操应用案例；总结了员工在实践中创造的好经验、好做法，分析研究了面临的新技术、新情况、新问题，并在此基础上进行了完善和提升，具有很强的实践性、实用性。本套培训教材的开发和出版，对推动员工加强学习、提高技术能力具有重要意义。

前　言

《输油技术》为《油品储运实用技术培训教材》其中一个分册，是油品储运单位输油运行管理和操作人员岗位技能培训类教材，在编写时力求反映国内原油管道输送技术、管理水平提高及发展的概况，教材内容着重于基本原理和应用案例，定位于满足员工岗位技能提升和培训工作需要。

为使读者通过学习，深入掌握生产运行岗位主要技术理论和技能，本教材主要从输油管道发展历程和概况、管道运行基础理论、常温和热输原油管道工艺计算、常见输油工艺流程和原油输送改进措施、原油管道投产及运行管理、原油管道优化运行、调控和码头接卸管理概况及要点、输油生产应急管理及典型案例分析等八个方面介绍了管道输送技术理论、运行管理技措和应急管理要点。

本教材由中国石化管道储运有限公司运销处组织编写，其中，第一章由赵新颖编写；第二章由王军防、王长保、赵新颖、张兴编写；第三章由杜娟、刘泽鑫、于悦编写；第四章由郁振华、李桢、杨海鹏、周中强、赵新颖、刘泽鑫、葛道明、李静、王连勇、王自发、于悦、张兴、赵磊编写；第五章由李桢编写。全书由赵新颖统稿。在编写过程中得到管道储运有限公司人力资源处、管道科学研究院、新乡输油处、潍坊输油处、襄阳输油处、武汉输油处、黄岛油库、日照油库等单位和部门的大力支持和帮助，在此深表感谢。本教材已经中国石化管道储运有限公司审定通过，审定工作得到了南京培训中心的大力支持；中国石化出版社对教材的编写和出版工作给予了通力协作和配合，在此一并表示感谢。

由于本教材涵盖内容较多，编写难度较大，编者水平有限，加之编写时间紧迫，书中难免存在错误和不妥之处，敬请广大读者对教材提出宝贵意见和建议，以便教材修订时补充更正。

目　　录

第一章　输油管道基本情况

管道运输是世界五大运输方式（水路、铁路、航空、公路、管道）之一，与其他几种方式相比，管道输送有自身的特点和突出的优点。管道输送可充分利用地下空间，能够长期、连续、密闭运行，运输量大，便于管理，易于实现远程集中监控，具有安全、经济、环保等独特优势，使其成为运输原油、天然气及其产品的理想方式。据统计，全球陆地上有70%的石油和99%的天然气依靠管道来输送，油气管道已经成为国民经济和国家能源安全的生命线。

第一节　油气管道发展状况

一、世界油气管道发展概况

管道工业有着悠久的发展历史。中国是世界上最早使用管道输送流体的国家，据考证，早在公元前秦汉时代，四川自贡地区就将打通了节的竹子连接起来输送卤水。在1875年前后，四川出现了最早的输气管道，在当时，人们把竹子破成两半，把中央的竹节打通，再重新组合，用麻布绕紧，并用石灰糊缝，用以作为输气管道，长达100多公里。

现代油气管道始于19世纪中叶，1865年美国宾夕法尼亚州的泰特斯维尔油田建造了第一条用于输送原油的管道，1879年被称为全世界第一条长距离输油管道的"泰德－瓦特输油管道（Tide-Water Pipeline）"在美国建成，管径152mm，全长174km。

据统计，截至2017年，全球在役油气管道约为3800条，总里程约为1961300km，其中天然气管道约为1273600km，占管道总里程的64.9%；原油管道、成品油管道、液化石油气管道里程分别约为363300km、248600km、75800km。全球管道主要集中于北美、俄罗斯和中亚、欧洲及亚太地区，分别占全球管道总里程的43%、15%、14%和14%。

二、我国油气管道发展概况

近代中国管道工业显著落后于工业发达国家，新中国成立前油气管道的数量非常少，1942年新疆独山子铺设了我国第一条原油管道，长2.5km；1945年4月投产的中印成品油管道，对中国抗日战争具有重大意义（运行7个月，累计向中国输油10×10^4t）。

新中国成立后，一些大型油气田的开发与开采带动了管道工业的发展。20世纪70年代，伴随大庆油田、辽河油田和胜利油田等东部大型油田的开发，中国建成了连接东北、华北和华东地区的东部输油管网。20世纪80～90年代，伴随新疆油田、塔里木油田、吐哈油田、四川油田和长庆油田等西部油气田的开发，中国在西部地区建成了连接油气田和加工企业的长输油气管道和川渝输气管网。

我国第一条高海拔、长距离、可输多种成品油的输油管道，也是当今世界上海拔最高的输送成品油的固定管线，即"格尔木－拉萨输油管线（简称格拉管线）"，于1976年建成，1977年正式投入使用，在世界管道建设史上也是罕见的壮举。

2004年，西气东输管道建成投产，干线总里程为3843km（全长5700km），管径为1016mm，采用X70钢，设计压力为10.0MPa，输量为 $170 \times 10^8 m^3/a$，是中国第一条大口径、长距离、高压力输气管道，也是当时世界上最大的管道工程。以西气东输管道为标志，我国的管道建设技术水平达到了国际先进水平。西气东输二线于2011年建成投产，干线总里程为4895km（全长9102km），管径为1219mm，最高设计压力为12MPa，输量为 $300 \times 10^8 m^3/a$，干线全部采用X80钢，标志着我国管道建设技术水平达到国际领先水平。

川气东送工程是一项集天然气勘探开发、净化集输、管道输送以及天然气利用、市场销售于一体的系统工程。川气东送管道西起川东北普光首站，东至上海末站，管道途经四川、重庆、湖北、安徽、浙江、上海等四省二市，全长2270km，干线管径为1016mm，钢管材质为X70，设计年输量为 $120 \times 10^8 m^3$，设计输气压力为10.0MPa。管道于2009年2月19日起开始分段投产试运，2010年8月31日全面投入商业运行。至此，中国又添了一条横贯东西的绿色能源大动脉。

2011年，日照至仪征原油管道（简称日仪管道）投产一次成功。日仪管道起于山东省日照市的日照输油站，终点为江苏省仪征市的仪征输油站，全长378.9km，管径为914mm，设计压力为8.5MPa，设计年输量为 $4000 \times 10^4 t$。日仪原油管道及配套工程全线采用密闭输送工艺，可实现全线实时监视及管理控制，是我国目前口径最大、输量最大的原油管道。

截至目前，我国油气管网规模不断扩大，建设和运营水平大幅提升。西部、漠河－大庆、日照－仪征－长岭、甬沪宁等原油管道，兰州－郑州－长沙、兰州－成都－重庆、鲁皖、西部、西南成品油管道，以及西气东输、陕京、川气东送天然气管道等一批长距离、大输量的主干管道陆续建成，基本形成了贯穿全国的油气输送管网。目前，中国长输油气管道总里程达 $11.7 \times 10^4 km$，其中，原油管道、成品油管道、天然气管道总长分别超过28000km、22000km、67000km。

第二节　管道公司基本情况

中国石化管道储运有限公司（以下简称管道公司）负责中国石化原油管道储运业务的归口管理，是中国石化原油管道储运业务投资的平台，负责中国石化原油储运业务投资和经营，组织协调中国石化原油管道储运项目建设，对原油管道储运企业进行专业化管理。

经多年发展，管道公司建成了以油田和大型原油码头为接卸中心，以原油中转库为输转中心，形成了东西衔接、南北贯通，覆盖华北、山东、华中、华东和华南地区主要炼化企业，国内原油与进口原油可灵活调运的管道储运网络。

公司管网如图 1-1 所示。

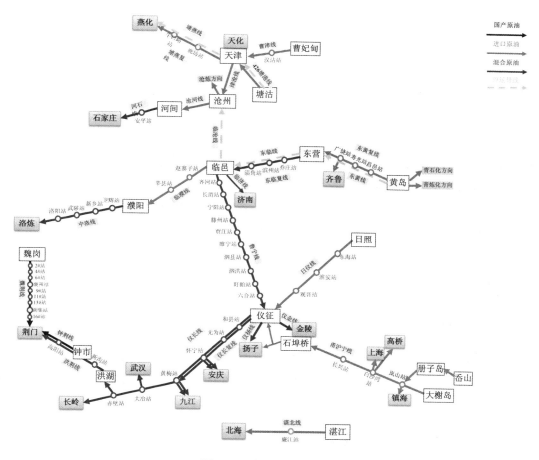

图 1-1 公司管网示意图

管道公司主要在役原油管线划分为华北管网、东部管网、甬沪宁管网、沿江管网及华南地区管网五大区域。

一、华北管网（见图 1-2）

1. 曹津线

曹津线起于曹妃甸油库，止于天津中转油库。管线全长 190km，管径 φ813mm，年设计输油量为 2000 万吨。采用常温输送工艺，承担曹妃甸上岸进口原油的外输任务。

2. 塘燕复线

塘燕复线起于塘沽油库，止于牛口峪计量站。管线全长 217.5km，管径 φ711、

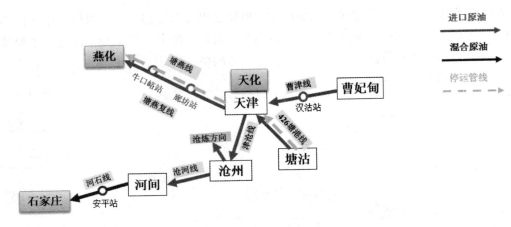

图 1-2 华北管网示意图

$\phi559$mm，年设计输油量为 2000 万吨。承担塘沽上岸进口原油的外输任务。

3. 津沧线（沧津线反输）

沧津线起于沧州输油站，止于天津分输站。管线全长 82.1km，管径 $\phi559$mm，年设计输油量为 900 万吨。采用常温输送工艺，承担向沧州炼厂和石家庄炼化输送进口原油的任务。

4. 沧河线

沧河线起于沧州输油站，止于河间输油站。管线全长 84.6km，管径 $\phi529$mm，年设计输油量为 800 万吨。目前采用常温输送工艺，输转进口原油。

5. 河石线

河石线起于河间输油站，止于石家庄输油站。管线全长 146.5km，管径 $\phi508$mm，年设计输油量为 800 万吨。目前采用常温输送工艺，向石家庄炼厂输转进口原油与华北原油的混油。

二、东部管网（见图 1-3）

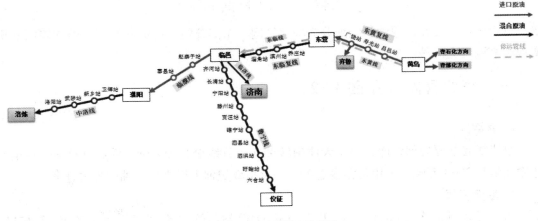

图 1-3 东部管网示意图

1. 东黄复线

东黄复线起于东营输油站，止于黄岛油库。管线全长 279.7km，干线管径 φ711mm，年设计输油量为 1240 万吨，采用密闭、交替输送的方式运行。承担黄岛上岸进口原油外输至东营输油站及齐鲁石化的任务。

2. 广齐线

起于广饶输油站，止于齐鲁输油站。管线全长 45.7km，管径 φ529mm，年设计输油量为 1000 万吨，向齐鲁石化输送进口原油。

3. 东临复线

东临复线起于东营市胜利油田，止于临邑输油站。管线全长 157.6km，管径 φ630mm，年设计输油量为 1800 万吨。采用密闭输送工艺，承担胜利原油外输及黄岛上岸进口原油的输送任务。

4. 鲁宁线

鲁宁线起于临邑输油站，止于仪征输油站。管线全长 720km，管径 φ720mm，年设计输油量为 1800 万吨。承担向长江流域炼化企业输送胜利原油与进口原油混合原油的任务。

5. 临济线

临济线起于临邑输油站，止于济南输油站。管线全长 70.8km，管径 φ377mm，年设计输油量为 350 万吨。承担向济南炼厂输转胜利原油与进口原油混合原油的任务。

6. 临濮线 （濮临线反输）

濮临线起于濮阳输油站，止于临邑输油站。管线全长 252.4km，管径 φ377mm，年设计输油量为 200 万吨，实际为 270 万吨。目前采用常温输送工艺，输送洛阳石化在黄岛上岸的进口原油。

7. 中洛线

中洛线起于濮阳输油站，止于洛阳输油站。管线全长 288.2km，管径 φ426mm，年设计输油量为 500 万吨。该线目前采用常温、密闭输送工艺，承担向洛阳石化输转中原原油和进口原油混合原油的任务。

三、甬沪宁管网（见图1-4）

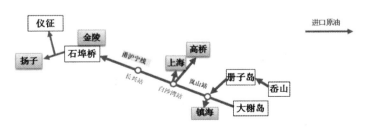

图1-4 甬沪宁管网示意图

甬沪宁管网由三座首站（大榭岛、册子岛、岙山）、两座中转油库（镇海岚山油库、白沙湾油库）、三座计量站（扬子、石埠桥、高桥）和一座中间站（长兴）组成。管道总长度为850km，各管段有4种管径：φ508，φ610，φ711，φ762mm。采用常温输送工艺，向上海石化、高桥石化、金陵石化、扬子石化、镇海炼化及沿江炼厂输送进口原油。

四、沿江地区管网（见图1-5）

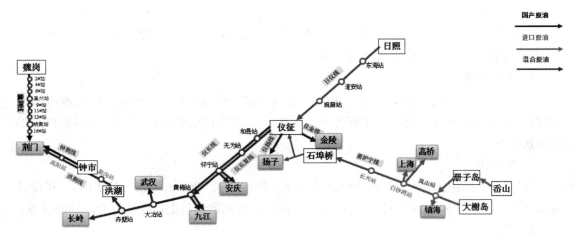

图1-5 沿江地区管网示意图

1. 日仪线

日仪线起于日照油库，止于仪征输油站。管线全长375.3km，管径φ914mm，年设计输油量为4000万吨。采用常温输送工艺，承担沿江企业及扬子石化进口原油的输转任务。

2. 仪扬线

仪扬线起于仪征输油站，止于扬子计量站。管线全长33.1km，管径φ711mm，年设计输油量为1500万吨。该线采用常温输送方式，承担扬子石化鲁宁原油和进口原油混合原油的输转任务。

3. 仪金线

仪金线起于仪征输油站，止于石埠桥输油站。管线全长28.1km，管径φ406mm，年设计输油量为400万吨。该线采用加热输送方式，承担向金陵石化输转鲁宁原油的任务。

4. 仪长线

仪长线依托鲁宁线、甬沪宁管道和日仪管道，以仪征输油站为起点，沿长江而上，经和县、无为、怀宁、黄梅、大冶站，再经五条支线（怀宁-安庆，黄梅-九江，大冶-武汉，赤壁-洪湖、再经洪荆线到荆门，赤壁-长岭）向安庆、九江、武汉、长岭、荆门石化输送进口原油与胜利原油的混合原油，管线全长979.6km。该线根据管输油品性质，目前采用常温、密闭分输的运行方式，年设计输油量为2700万吨。

5. 仪长复线（仪征至九江段）

仪长复线（仪征至九江段）是对已建的仪长管道仪征-黄梅段及支线怀宁-安庆段和黄梅-九江段各敷设一条复线，管道设计为常温输送，近期年设计输油量为2000万吨，远期年设计输油量为2800万吨，管线全长560km。仪征至黄梅干线管径φ864mm，支线管

径 φ559mm。该线采用常温、密闭分输的运行方式，向安庆、九江石化输送进口原油与胜利原油的混合原油。

6. 洪荆线

洪荆线起于洪湖输油站，止于荆门输油站。管线全长 205.3km，管径 φ377mm，年设计输油量为 315 万吨。目前采用常温输送方式，向荆门石化输送仪长混合原油。

7. 钟荆线

钟荆线起于钟市输油站，止于荆门输油站。管线全长 75km，管径 φ219mm，年设计输油量为 70 万吨。目前采用加热输送方式，向荆门石化输送江汉原油和仪长原油的混合原油。

8. 魏荆线

魏荆线起于魏岗输油站，止于荆门输油站。管线全长 236km，管径 φ426mm，年设计输油量为 350 万吨。该线采用先泵后炉、旁接罐输送工艺，承担河南原油南下任务。

五、华南地区管网（见图 1-6）

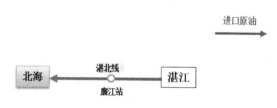

图 1-6　华南地区管线示意图

湛北线起于湛江输油站，止于广西北海。管线全长 197.6km，干线管径 φ711、φ813mm，年设计输油量为 1000 万吨。采用常温输送工艺，向北海炼化输送进口原油。

第二章 输油生产基础知识

第一节 原油基础知识

原油是指通过油井把分布在地壳上层部分直接开采出来而未加工的石油。它通常是一种黏稠液态或固态的可燃物质，外观呈现为黑色、暗黑、黑褐色、暗绿色，甚至是赤褐色、浅黄色乃至无色。不同油田，甚至同一油田不同区块生产的原油，由于其组成不同，其外观、成分和性质也可能有很大差别。

一、原油的化学组成及分类

（一）原油的化学组成

原油的组成极为复杂，是一种烃类和非烃类的液态或固态混合物，但其元素组成却较简单，主要由碳、氢、硫、氧、氮五种元素组成。其中五种主要元素的含量一般范围是：碳占 83% ~ 87%，氢占 10% ~ 14%，硫占 0.05% ~ 8%，氮占 0.02% ~ 2%，氧占0.05% ~ 2%。

上述元素都以化合物的形式存在于原油中，其中，碳、氢元素按照一定的数量关系结合成多种不同性质的碳氢化合物，简称为烃类；碳、氢两种元素与氧、硫、氮形成的含氧化合物、含硫化合物、含氮化合物及胶质沥青质等，简称为非烃类。

原油中所含的烃类主要有：①正构及异构烷烃；②环烷烃；③芳香烃；④少量烯烃。原油中所含的非烃类主要有：①含硫化合物；②含氧化合物；③含氮化合物；④胶质、沥青质。石油中还含有很多微量金属和非金属元素，如铁、镍、铜、钒、砷、氯、磷、硅等，它们构成了石油的灰分。

原油中的有害相物质，如 Cl^-、S^{2-}、HS^-、H_2O、HF、HCN、CO_2、HCO_3^- 和矿物等，在一定条件下形成酸性等有害物质，会对设备和管道造成腐蚀，给管道安全运行带来一定的负面影响。尤其在管线、设备低部易出现集液和污垢沉积，会发生因污油线腐蚀、垢下腐蚀等导致的局部腐蚀破坏，导致管道局部腐蚀速率升高。容易发生腐蚀穿孔的位置主要有：①输油泵进、出口管线（泵长期停用）；②进、出罐管线（储罐大修或长期停用）；③管线存在死油段等盲区（阀门长期关闭或工艺旁通管线、越站及泄压管线等）或管道内原油流速低的部位；④工艺设计上管线的相对低洼段。

（二）原油的分类

世界上已开采的原油至少有 1500 种以上，需要有分类标准来确定不同原油的价值、地面处理难易程度及原油加工方案等。通常以原油组成、气油比、相对密度和黏度、硫含量等划分原油类型。

1. 按组成分类

根据几种烃类在原油中的比例划分原油种类，Sachanen 的分类法得到了工业界的认可，见表 2-1。由于原油类型实在太多，完全符合表内分类的原油不多，因而出现了混合基原油，如石蜡 - 环烷基、环烷 - 芳香基、芳香 - 沥青基原油等。

表 2-1　按原油组成分类

原油类型	组　　成
石蜡基	烷烃 >75%
环烷基	环烷烃 >75%
芳香基	芳香烃 >50%
沥青基	沥青质 >50%

2. 按气油比分类

按气油比可将油气井井流产物分成：①死油，从油藏压力降至大气压，原油内无溶解气析出，即气油比为零；②黑油或称普通原油，气油比小于 $356m^3/m^3$ 的原油；③挥发性原油，气油比在 $356 \sim 588m^3/m^3$ 范围内的原油；④凝析气，气油比在 $588 \sim 8905m^3/m^3$ 范围内的原油；⑤湿气，气油比大于 $8905m^3/m^3$ 的原油；⑥干气，不含液体的天然气。

3. 按收缩性分类

"收缩"是指油藏原油在地面脱气后体积的缩小。用收缩系数描述原油收缩性的大小，它的定义是"单位体积油藏原油在地面脱气后的体积数"。收缩系数小于 0.5 的原油称为高收缩原油，大于 0.5 的原油称为低收缩原油。

4. 按相对密度和黏度分类

根据原油相对密度和黏度将原油分为轻质原油、中质原油、重质原油、特重原油和天然沥青（也称沥青砂、油砂）等，见表 2-2。

表 2-2　按相对密度和黏度分类

类　　型	相对密度	50℃时的动力黏度/Pa·s
轻质原油	<0.900	<0.02
中质原油	0.900 ~ 0.934	0.02 ~ 0.05
重质原油	0.934 ~ 1.000	< 10
特重原油	> 1.000	> 10
天然沥青	> 1.000	> 10

国际石油市场常用计价的标准是按比重指数 API 度分类和含硫量分类。第十二届世界

石油会议规定的原油分类标准见表2-3。

表2-3 按API度和相对密度分类

类别	API度	20℃相对密度
轻质原油	>31.1	<0.8661
中质原油	31.1~22.3	0.8661~0.9162
重质原油	22.3~10	0.9162~0.9968
特重原油	<10	>0.9968

5. 按硫含量分类

原油中都含有硫化物，其中大部分硫化物存在于高沸点馏分内。在油气田处理设备中，大部分硫化氢和低分子量硫醇存在于气相内，少量存在于液相内。硫化物会加速油气田及炼厂设备的腐蚀，危害人体健康，并造成炼厂催化剂中毒、使炼制费用增加，燃烧时产生的SO_2还会污染环境。原油按硫含量、含蜡量分类见表2-4。

表2-4 按含硫量、含蜡量分类

分类根据	按含硫量分类			按含蜡量分类		
原油类别	低硫	含硫	高硫	低蜡	含蜡	高蜡
分类标准/%	<0.5	0.5~2.0	>2.0	0.5~2.5	2.5~10.0	>10.0

注：含硫量分类标准见Q/SH 0564—2017。

6. 我国原油分类

我国原油分类详见《出矿原油技术条件》（SY 7513—1988）。以常压沸点250~275℃和395~425℃两个关键馏分油的密度确定关键组分的分类（见表2-5），根据关键组分基属，确定原油的基属（见表2-6）。

表2-5 原油关键组分分类

组分分类	第一关键组分20℃相对密度	第二关键组分20℃相对密度
石蜡基	<0.8207	<0.8721
混合基	0.8207~0.8560	0.8721~0.9302
环烷基	>0.8560	>0.9302

表2-6 原油分类

原油分类	第一关键组分分类	第二关键组分分类
石蜡基	石蜡基	石蜡基
石蜡-混合基	石蜡基	混合基
混合-石蜡基	混合基	石蜡基
混合基	混合基	混合基
混合-环烷基	混合基	环烷基
环烷-混合基	环烷基	混合基
环烷基	环烷基	环烷基

二、原油的理化性质

（一）密度

1. 标准密度和视密度

国家标准 GB/T 1884—2000 中规定石油和液体石油产品在 20℃ 时、常压（101.325kPa）下的密度为标准密度，用 ρ_{20} 表示，在其他温度下测得的密度称之为视密度，用 ρ_t 表示。国际标准（ISO）规定在常压下 15.6℃（60°F）时的密度为标准密度，用 $\rho_{15.6}$ 表示。

2. 相对密度（比重）

油品相对密度是无量纲数，是油品密度与规定温度下水的密度之比。由于 4℃ 时纯水的密度接近 1000 kg/m³（3.98℃ 时水的密度为 999.97 kg/m³），用 d_4^t 表示 t℃ 时油品密度与 4℃ 纯水密度之比的相对密度。在我国，常用相对密度为 d_4^{20}；在欧美各国，常用 $d_{15.6}^{15.6}$ 表示 15.6℃（60°F）油品密度与 15.6℃ 纯水密度之比的相对密度。

3. 油品密度换算

（1）API 度与标准密度之间的换算

API 度是美国石油学会（American Petroleum Institute，简称 API）制定的一种量度，用以表示原油及石油产品密度。当油品 $d_{15.6}^{15.6} < 1$ 时，API 度与 $d_{15.6}^{15.6}$ 之间有以下关系：

$$API 度 = \frac{141.5}{d_{15.6}^{15.6}} - 131.5 \tag{2-1}$$

API 度愈大，相对密度愈小。

API 度、ρ_{20}、$\rho_{15.6}$ 与 $d_{15.6}^{15.6}$ 之间的换算见附录 1。此表适用范围为：API 度为 0 ~ 100；$d_{15.6}^{15.6}$ 为 1.0760 ~ 0.6112；ρ_{20} 为 1007.4 ~ 605.7 kg/m³；$\rho_{15.6}$ 为 1075.4 ~ 611.2 kg/m³。

（2）不同温度下的密度换算

若已知 20℃ 时的原油密度，则在 0 ~ 50℃ 范围内、温度为 t℃ 的密度可按下式计算：

$$\rho_t = \rho_{20} - \zeta \ (t - 20) \tag{2-2}$$

式中　ρ_t，ρ_{20}——温度为 t℃ 和 20℃ 的原油密度，kg/m³；

　　　　ζ——温度系数，kg/(m³·℃)，$\zeta = 1.828 - 0.00132\rho_{20}$。

在 20 ~ 120℃ 范围内，原油密度可按下式计算：

$$\rho_t = \frac{\rho_{20}}{1 + a \ (t - 20)} \tag{2-3}$$

$780 \leqslant \rho_{20} < 860$ 时，$a = (3.083 - 2.638 \times 10^{-3}\rho_{20}) \ 10^{-3}$；

$860 \leqslant \rho_{20} < 960$ 时，$a = (2.513 - 1.975 \times 10^{-3}\rho_{20}) \ 10^{-3}$。

例 2-1　某一进口原油的标准密度为 884.8 kg/m³，28℃ 时该油品的密度为多少？

解：$\rho_t = \rho_{20} - \zeta \ (t - 20)$

　　$\rho_{20} = 884.8$ kg/m³

$$\zeta = 1.828 - 0.00132\rho_{20} = 1.828 - 0.00132 \times 884.8 = 0.660064$$

$$\rho_{28} = \rho_{20} - \zeta(t - 20) = 884.8 - 0.660064 \times (28 - 20) = 879.5 \text{ kg/m}^3$$

即28℃时该原油的密度为879.5 kg/m³。

4. 混合油密度换算

密度是具有可加性的指标之一。具有可加性的指标有：硫含量、馏程、密度、酸度、酸值、实际胶质、残碳、灰分等；不具有可加性的指标有：凝点、倾点、黏度、蒸气压、闪点、辛烷值等，此类指标的计算方法较多，没有严格的数学关系可遵循，主要是依靠经验或半经验公式以及经验图表求取近似值，不能代替实测值。具有可加性的指标可按以下公式计算：

$$A = \frac{\sum A_i P_i}{\sum P_i} \tag{2-4}$$

式中　A——质量标准；

　　　P_i——第i组调和组分的体积或者质量，对于密度、馏程、实际胶质、酸度等为体积，对于硫含量、酸值、残碳、灰分等为质量。

因此，混油密度为：

$$\rho = \frac{\sum \rho_i V_i}{\sum V_i} \tag{2-5}$$

式中　ρ_i——第i组调和组分的密度；

　　　V_i——第i组调和组分的体积。

但是当油品的密度相差很大时，体积往往没有可加性，用该公式计算时可能会产生较大的误差。

5. 密度的测定方法

密度计法和比重瓶法是两种测定密度的方法。在输油生产分析上主要采用密度计法，根据阿基米德定律制定其测定原理，使用石油密度计、温度计、玻璃量筒和恒温浴等仪器。具体测定方法参见《原油和液体石油产品密度实验室测定法（密度计法）》（GB/T 1884—2000）。

（二）黏度

1. 定义

原油黏度是指原油在流动时所引起的内部摩擦阻力，是评价原油流动性的指标，对原油流动和输送时的流量和压力降有着重要影响。原油黏度的大小取决于温度、压力、溶解气量及其化学组成。温度增高其黏度降低，压力增高其黏度增大，溶解气量增加其黏度降低，轻质油组分增加其黏度降低。原油黏度变化较大，黏度大的原油俗称稠油，稠油由于流动性差而开发难度增大。一般来说，黏度大的原油密度也较大。

2. 黏度的计算

原油黏度的表示方法主要有运动黏度和动力黏度。

动力黏度的国际单位制（SI）单位是 Pa·s（帕秒），常用的单位为 P（泊）或 cP（厘泊），它们之间的换算关系为：$1Pa·s = 10^3 mPa·s = 10P = 10^3 cP$。

动力黏度与相同温度、压力下原油密度的比值称为该油品的运动黏度，它是流体在重力作用下流动阻力的度量。在国际单位制（SI）中，运动黏度的单位是 m^2/s。通常使用厘斯（cSt）作运动黏度的单位，$1\ m^2/s = 10^6 mm^2/s = 10^6 cSt$。

在缺少实验数据的条件下，可以根据原油相对密度和温度来估算原油的动力黏度。

$$\mu_t = 10^x - 1 \tag{2-6}$$

$$x = y(1.8t + 32)^{-1.163}$$

$$y = 10^z$$

$$z = 5.6926 - 2.8625/d_{15.6}$$

式中　μ_t——温度 t 时的原油动力黏度，$mPa·s$；

　　　t——温度，℃；

　$d_{15.6}$——15.6℃原油的相对密度。

例 2-2　某一进口原油标准密度为 854.0 kg/m^3，试估算 23℃时该油品的动力黏度。

解：$\rho_t = \rho_{20} - \zeta(t - 20)$

$\rho_{20} = 854.0\ kg/m^3$

$\zeta = 1.828 - 0.00132\rho_{20} = 1.828 - 0.00132 \times 854.0 = 0.70072$

$\rho_{23} = \rho_{20} - \zeta(t - 20) = 854.0 - 0.70072 \times (23 - 20) = 851.9\ kg/m^3$

$\rho_{15.6} = \rho_{20} - \zeta(t - 20) = 854.0 - 0.70072 \times (15.6 - 20) = 857.1 kg/m^3$

$d_{15.6} = \dfrac{\rho_{15.6}}{1000} = 0.8571$

$\mu_{23} = 10^{[(5.6926 - 2.8625/d_{15.6})(1.8t+32)^{-1.163}]} - 1 = 32.42\ mPa·s$

即 23℃时该油品的动力黏度为 32.42 $mPa·s$。

3. 黏度测定

油品黏度的测定采用不同测定方式，其中：

《石油产品运动黏度测定法和动力黏度计算法》（GB 265—1988）适用于使用毛细管黏度计测定液体石油产品的运动黏度（牛顿流体）。

《原油黏度测定 旋转黏度计平衡法》（SY/T 0520—2008）适用于测定含水不超过 0.5%（质量分数）原油的动力黏度和非牛顿流体的表观黏度。

（三）汽化性质

在一定温度下，液体与其液面上的蒸气呈平衡状态时，蒸气所产生的压力称为饱和蒸气压，简称蒸气压。蒸气压表示液体在一定温度下蒸发和汽化的能力，蒸气压高的液体容易汽化。蒸气压是石油加工、储运和设备设计的重要基础物性数据，也是某些轻质油品的质量指标。

在一个密闭空间内、在一定的温度和压力条件下，当气液两相接触时，相间将发生物质交换，当各相的性质不再发生变化时，物系达到气液相平衡状态。当气液两相共存并达到平衡时，宏观上两相间没有物质传递，物系内液体的挥发量等于蒸气的凝结量，蒸气压力不再变化。这时的液体称为饱和液体，气体称为饱和蒸气，相应的气体压力则称为饱和蒸气压。因此，饱和蒸气压既表示液体的挥发能力，又表示蒸气的凝结能力。

纯烃的饱和蒸气压与温度和物性有关。对于特定的纯烃，在某一温度下有对应的饱和蒸气压。温度越高，分子的平均动能越大，液相中就有更多的高动能分子克服液体分子间的吸引，逸出液面进入气相，即纯烃的饱和蒸气压随温度的升高而增大。原油由于组成较为复杂，其蒸气压在压力不太高时，不仅是温度的函数，而且与汽化率有关。

在原油储运系统的设计和运行中，经常使用原油饱和蒸气压的数据来校核输油泵的吸入压头或估算储油罐的蒸发损耗。

（四）低温性质

原油的低温流动性表示原油在低温下能否流动的性能。对于安全输油和节能降耗，改善含蜡原油的流动性，尤其是低温流动性，是一项关键技术。随着温度降低，溶解于油中的蜡析出，原油黏度随之增大，致使原油流动阻力增大，严重时甚至无法流动。因此，原油在低温时的流动性对其输送及使用的影响很大。

原油在低温下失去流动性主要有两方面原因：一是构造凝固，因为温度降低，蜡逐渐结晶析出，蜡晶体相互连接形成网状骨架，液体状态的原油被裹在其中，使原油失去流动性；二是黏温凝固，黏度随温度降低而增加，最后因为过高的黏度而失去流动性。

油品并不是在失去流动性的温度下才不能使用，在失去流动性之前析出的晶体，会妨碍发动机的正常工作，也使牛顿流体变为非牛顿流体而影响原油的输送。

评价低温流动性的指标主要包括：浊点、结晶点、冰点、倾点、凝点和冷滤点。

1. 浊点

在规定条件下，开始出现微石蜡结晶或冰晶而使油品变浑浊时的最高温度。

2. 结晶点

在规定条件下冷却油品时，出现肉眼观察到的结晶时的最高温度。在结晶时，油品依然是可以流动的液态。

3. 冰点

出现结晶后，再使其升温至所形成的结晶消失时的最低温度。

4. 倾点

在标准规定条件下，冷却时能够继续流动的最低温度。

5. 凝点

在试验条件下，冷却到液面不移动时的最高温度，即原油失去流动性的最高温度。

6. 冷滤点

在规定条件下，当试油通过过滤器每分钟不足 20mL 时的最高温度。

（五）燃烧性质

石油是易燃物，有些是易爆物。因此掌握与着火、爆炸有关的闪点、燃点和自燃点等燃烧性质，对石油的加工、储运和应用有极其重要的意义。

1. 油品的闪点

（1）闪点的定义

闪点是石油等可燃性物质的蒸气与空气形成混合气体，在接触火焰发生闪火时的最低温度。在闪点温度下，油品蒸发速度较慢，油蒸气迅速烧完，新的油蒸气还来不及与空气形成混合气体，于是燃烧熄灭。因此，闪火是一种一闪即灭的燃烧。闪点是有火灾危险的最低温度。

（2）闪点的意义

闪点是判定油品火灾危险性的重要依据。闪点越低，火灾危险性越大。

在消防工作中，闪点作为可燃液体分类的原则和依据。油品火灾危险性按油品闪点不同进行分级，如表2-7所示。原油、汽油、石脑油等的火灾危险性为甲B类，柴油的火灾危险性为乙B类。

表2-7　石油库储存油品的火灾危险性分类

类　别		油品闪点 F_t/℃	类　别		油品闪点 F_t/℃
甲		$F_t < 28$	丙	A	$60 \leqslant F_t \leqslant 120$
乙	A	$28 \leqslant F_t \leqslant 45$		B	$F_t > 120$
	B	$45 < F_t < 60$			

注：甲类烃类液体按15℃时的蒸气压是否大于0.1MPa分为A、B两类。

在油库的一切作业中，在储存、运输、使用和管理等方面，必须按油品的火灾危险性分类等级确定不同的防火与灭火措施，以防止火灾发生、减少火灾危险程度。

2. 油品的燃点和自燃点

（1）燃点的定义

石油产品在规定条件下，加热到它的蒸气能被接触的火焰引燃并持续燃烧不少于5s的最低温度称为燃点。

油品的燃点比闪点高，受引火源能量和环境因素影响较大，闪点越低，燃点和闪点越相近。易燃油品的燃点约高于闪点1～5℃。

（2）自燃点的定义

测定闪点和燃点需要从外部引火。如果将油品隔绝空气加热到一定温度，然后使之与空气接触，不需要引火，即可自行燃烧，这称为油品的自燃。油品自燃的最低温度称为自燃点。

闪点、燃点与油品的汽化性有关，自燃点与油品的氧化性有关。轻馏分分子小、沸点低、易蒸发，所以馏分越轻其闪点和燃点越低。馏分越轻越难氧化，越重越易氧化，所以轻馏分自燃点比重馏分的高。因此，以油品自燃点来衡量，重质油品比轻质油品的火灾危险性更大。

某些油品的闪点、燃点及自燃点一般的范围见表2-8。

表 2-8　常用油品的闪点、燃点和自燃点

油品名称	闪点/℃	燃点/℃	自燃点/℃
车用汽油	-50~10		390~530
喷气燃料	28		278
灯用煤油	40		290~430
-35#柴油			300~330
轻柴油			500~600
船舶用燃料油	80		—
汽油机油	200~225	一般比闪点高 1~20	—
柴油机油	200~230		—
汽轮机润滑油	185~1955		—
齿轮油	170~180		—
变压器油	135~140		—
酒精	12		510
石油苯	-12		660~720
乙醚	-41		193

（六）爆炸极限

燃烧发生的基本条件是可燃物、助燃物和点火源这三者（称作燃烧三要素）同时存在，然而并非是上述条件同时发生时就能发生燃烧，只有三个要素同时具备并彼此相互作用，且各要素都达到一定的限值，燃烧才能发生并持续进行。

石油气和空气的混合物也并非在任何浓度下都能发生爆炸。在空气中，只有当油气浓度在一定范围内时，油气才可能发生爆炸。能发生爆炸的最低油气浓度叫爆炸下限，能发生爆炸的最高油气浓度叫爆炸上限，爆炸上限和爆炸下限之间的这一浓度范围称为爆炸极限。若油气浓度高于爆炸上限，则氧气不足，不能发生爆炸；若油气浓度低于爆炸下限，则油气不足，也不能发生爆炸。

（七）常用原油物性

一些常用原油物性见表 2-9。

表 2-9　常用原油物性表

序号	中英文名称	产地	API 度	硫含量（质量分数）/%	酸值/（mgKOH/g）	凝点/℃	闪点/℃	黏度（50℃）/（mm²/s）
				进口油				
1	阿曼 Oman	阿曼	31.7	1.40	0.50	-55	<30	11.64
2	科威特 Kuwait	科威特	30.8	2.90	0.13	-50	<30	7.84
3	沙轻 Arab Light	沙特	33.4	2.00	0.05	-31	<30	5.77

续表

序号	中英文名称	产　地	API 度	硫含量（质量分数）/%	酸值/（mgKOH/g）	凝点/℃	闪点/℃	黏度（50℃）/（mm²/s）
进口油								
4	巴士拉轻油 Brsrah Light	伊拉克	30.4	2.92	0.14	-18	<25	10.63
5	罕戈 Hungo Blend	安哥拉	29.3	0.63	0.55	-43	<30	10.38
6	塞巴 Ceiba	赤道几内亚	27.7	0.39	0.86	-18	<20	6.63
7	杰诺 Djeno	赤道几内亚	27.5	0.39	0.73	-2	<25	18.89
8	埃思坡 ESPO	俄罗斯	34.7	0.54	0.04	-50	<20	9.85
9	卡斯蒂利亚 Castilla Blend	哥伦比亚	15.6	1.52	0.22	-30	32	287.60
10	瓦斯科尼亚 Vasconia	哥伦比亚	26.3	0.85	0.31	-12	<30	45.75
国产油								
11	胜利高硫高酸原油	中国	16.24	2.13	2.29	3	180	627.8
12	南阳原油	中国	27	0.18	1.51	32	60	80.11

三、原油流变性质

（一）流体的分类

1. 与时间无关的黏性流体

（1）牛顿流体

其特点如下：

①如图 2-1 所示，牛顿流体流变曲线（剪切应力 τ 和剪切速率 $\dot{\gamma}$）为通过原点的直线。

②可以用直线方程回归实验数据，得到流变方程

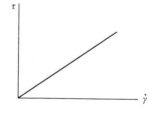

$$\tau = \mu\dot{\gamma}$$

这就是著名的牛顿流体内摩擦定律。

图 2-1　牛顿流体的流变曲线

式中　τ——剪切应力，Pa；

$\dot{\gamma}$——剪切速率，s^{-1}；

μ——动力黏度，Pa·s（帕秒）；对于黏度较小的流体，Pa·s 的单位太大，常用 mPa·s（毫帕秒）表示；牛顿流体的动力黏度等于直角坐标上流变曲线的斜率。

（2）假塑性流体

其特点如下：

① 如图 2-2 所示，在直角坐标系中，其流变曲线凹向剪切速率轴，且通过原点。

② 其中，τ 和 $\dot{\gamma}$ ——对应，即一旦受力，就有流动，但 τ 与 $\dot{\gamma}$ 不成比例变化，即不符合牛顿流体内摩擦定律，故为一种非牛顿流体。τ 的增加率随着 $\dot{\gamma}$ 的增加而逐渐降低。

对于假塑性流体，表观黏度随剪切速率或剪切应力的增加而降低。有些其他类型的非牛顿流体也表现出了这一特点。在流变学上，把这种性质称为剪切稀释性。

③ 流变方程：与牛顿流体不同，假塑性流体不具有确定的流变方程形式，可以有多种形式的流变方程来描述其流体特性。在工程上，幂律方程的应用最为广泛，其形式如下：

$$\tau = K \dot{\gamma}^n \qquad (2-7)$$

式中　K——稠度系数，$Pa \cdot s^n$；

　　　n——幂律行为指数，也称流变指数（无因次），对于假塑性流体，$0 < n < 1$。

由于 $n < 1$，该公式反映出了流体剪切稀释性的特点。当 $n = 1$ 时，上面方程变为牛顿流体方程。

（3）膨胀性流体（也称胀流型流体）

其特点如下：

① 在直角坐标系中，膨胀性流体的流变曲线是通过坐标原点且凹向剪切应力轴的曲线，如图2-3所示。

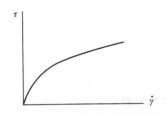

图 2-2　假塑性流体的流变曲线

图 2-3　膨胀性流体的流变曲线

② 一受力即有流动，但剪切应力与剪切速率不成比例，剪切应力的增加速率随剪切速率的增大而越来越大，即流体的表观黏度随剪切速率的增大而增大，这种特性被称为剪切增稠性。因此，膨胀性流体是具有剪切增稠性的。

③ 膨胀性流体也有多种形式的流变方程，工程上多采用的也是幂律形式的方程。即

$$\tau = K \dot{\gamma}^n \qquad (n > 1) \qquad (2-8)$$

（4）宾汉姆塑性流体

其特点如下：

① 如图2-4所示，流变曲线是一条不通过坐标原点的直线，与剪切应力轴相交于 τ_B 处。

② 对流体施加外力，当外力 $\tau < \tau_B$ 时，宾汉姆流体的体积只产生有限的变形，并不会发生流动，只有当 $\tau > \tau_B$ 时，体系才产生流动，且流动后的流体具有剪切稀释性。τ_B 是使

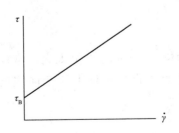

图 2-4　宾汉姆塑性流体的
　　　　　流变曲线

体系产生流动（即使流体产生大于零的剪切速率）所需要的最小剪切应力，称为屈服值。塑性流体指的就是具有屈服值的流体，外力克服其屈服值而产生的流动即称为塑性流动。

③ 流变方程：

$$\tau = \tau_B + \mu_B \dot{\gamma} \tag{2-9}$$

式中　τ_B——屈服值，Pa；

　　　μ_B——宾汉姆黏度，Pa·s。

（5）屈服假塑性流体

其特点如下：

① 屈服假塑性流体兼有屈服特性和假塑性流体的一些特性，流变曲线不通过坐标原点，且凹向剪切速率轴，曲线与剪切应力轴的交点为 τ_y。

② 屈服假塑性流体的屈服值为 τ_R，当 $\tau > \tau_R$ 时，剪切应力与剪切速率是非线性关系，并且具有剪切稀释性。

③ 流变方程：常用 Herschel-Bulkley 方程描述这类流体。

$$\tau = \tau_R + K \dot{\gamma}^n \qquad (n < 1) \tag{2-10}$$

（6）卡松流体

其特点如下：

① 在 $\tau^{1/2} \sim \dot{\gamma}^{1/2}$ 坐标系中，卡松流体流变曲线为如图 2-6 所示的直线。

图 2-5　屈服假塑性流体的流变曲线　　　图 2-6　卡松流体的流变曲线

② τ_C 为卡松屈服值，卡松流体具有剪切稀释性，$\tau \sim \dot{\gamma}$ 不成比例变化。

③ 流变方程：

$$\sqrt{\tau} = \sqrt{\tau_C} + \sqrt{\mu_C \dot{\gamma}} \tag{2-11}$$

式中　μ_C——卡松黏度。

2. 与时间有关的黏性流体

流变性对时间有依赖关系的黏性流体，一般可概括为两类：

（1）触变性流体

定义：在剪切应力作用下，表观黏度随时间连续下降，并在应力消除后又随时间逐渐恢复。

触变性流体在实际生产中有着重要的地位。低于某温度下的含蜡原油就是一种天然的触变性流体，研究它的触变特征，对于管输含蜡原油的工艺设计和生产管理，都有重要意义。

（2）反触变性流体

反触变性流体（又称为负触变性流体或覆凝性流体），在恒定剪切应力或剪切速率作用下，其表观黏度随剪切作用时间而逐渐增加；当剪切消除后，表观黏度又逐渐恢复。这种反触变性现象比触变性更加令人费解，而且在实际生产和生活中并不常见。

3. 黏弹性流体

黏弹性流体指的是既具有黏性同时又具有弹性的流体。

（二）含蜡原油的流变特性

1. 原油的胶体特性

对于含蜡原油来说，原油中蜡的溶解度对温度的依赖性很强。

在较高的温度下，蜡晶基本能够溶解在原油中，当温度降低至某一值时，原油中溶解的蜡达到饱和，大分子的蜡首先结晶析出。原油中开始有蜡晶析出的最高温度称为原油的析蜡点。在常温下，温度下降时，原油中往往会有较多的蜡结晶析出，表现出非牛顿流体特性。随着温度的进一步降低，蜡晶浓度逐渐增大，原油内部的胶体结构越来越复杂，其非牛顿流体性质越来越强。当蜡晶浓度增大到一定程度时，原油产生结构性凝固，成为凝胶体系，而失去流动性。这种在一定的历史条件下，随温度降低，原油开始胶凝而失去流动性的最高温度称为胶凝点或失流点。凝胶状态下的含蜡原油称为凝胶原油和胶凝原油，其非牛顿流体特性更强。

2. 含蜡原油流变性的变化特点

原油的流动性质特别是非牛顿流变性质，主要取决于原油的内部结构，而原油所处的温度状态又直接影响了原油内部结构，含蜡原油的流变性随温度降低变得越来越复杂。

有研究表明，不同油田出产的含蜡原油，尽管其组成和物性不同，但流变性规律有许多相似之处。在工程实用温度范围内，参照原油凝点 t_Z，按油温从高到低的变化，大体可把含蜡原油流变性归纳为以下三种流变类型。

（1）牛顿流体类型

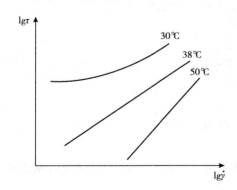

图 2-7 某含蜡原油的流变曲线

当油温 $t > t_Z + (10 \sim 15℃)$ 时，原油流变性服从于牛顿内摩擦定律，图 2-7 中所示凝点为 32℃的含蜡原油在 50℃的流变曲线，为牛顿流体流变曲线。

（2）假塑性流体类型

当油温在 $t_Z + (2 \sim 4℃) < t < t_Z + (10 \sim 15℃)$ 的范围内时，含蜡原油的主要流变性特点是：

① 触变性：在一定剪切率作用下，随着剪切时间的增加，原油表观黏度减少，直至达到动平衡状态。表观黏度达到恒定值后，测温越低，触变性越强。

② 剪切稀释性：图 2-7 中曲线为 38℃ 的原油动平衡流变曲线，在双对数坐标系中，它是斜率小于 1 的直线，即为假塑性流体，可用幂律形式方程表示其动平衡流变方程：$\tau = K\dot{\gamma}^n$，其中 $n < 1$。且测温越低，K 越大，原油的黏稠程度越大，n 越小，原油的剪切稀释性越强。

③ 可用表观黏度表示原油的黏稠程度，它是温度、剪切率和剪切时间的函数，在动平衡条件下时，可用下式计算表观黏度：

$$\mu_{ap} = K\dot{\gamma}^{n-1} \tag{2-12}$$

（3）屈服 - 假塑性流体类型

当含蜡原油温度 $t > T_Z +$ （2~4℃），即在凝点附近或更低的温度时，原油总体上由溶胶状态转变为凝胶状态，失去流动性。这时的原油流变性有如下特点：

① 具有一定的屈服值。且温度越低，原油的屈服值就越大。

② 具有明显的触变性。

③ 具有较强的剪切稀释性。

④ 其表观黏度是温度、剪切率和剪切时间的函数，动平衡黏度可用下式计算：

$$\mu_{ap} = K\dot{\gamma}^{n-1} + \frac{\tau_y}{\dot{\gamma}} \tag{2-13}$$

3. 原油的黏温曲线

为了把原油的黏稠程度随温度的变化关系直观地表示出来，一般将原油的黏度和动平衡表观黏度与温度的关系在半对数坐标系中进行描绘，称之为黏温曲线，如图 2-8 所示。

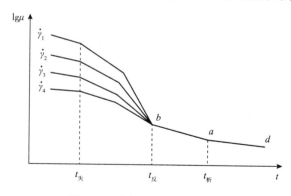

图 2-8 含蜡原油的黏温曲线

可见，黏温曲线可分成两个大的温度范围：

① 温度大于 $t_{反}$，在这一范围内，黏度与温度呈一一对应的关系，属于牛顿流体温度范围。

牛顿流体范围的黏温曲线在半对数坐标上是直线或分段的直线，$\lg\mu = A - BT$ 为相应的黏温方程。由于在不同温度范围内，蜡的析出量不同，造成体系对流动的阻力作用不同，因此，在表现为黏温曲线时，其斜率不同。在图 2-8 中，牛顿流体温度范围分为 ab

和 ad 这两段斜率不同的直线，ba 段温度范围低，析出的蜡晶量多，黏度对温度的变化较为敏感，表现为黏温指数 B 的数值较大。

a 点对应的温度 $t_析$ 称为析蜡点，这是根据黏温曲线确定的析蜡点。

②温度小于 $t_反$，这时黏度不再是温度的单值函数，即原油在恒定温度下也不再具有唯一的黏度，而是具有与剪切率有关的表观黏度。从牛顿流体转变到非牛顿流体的温度称为反常点，如图 2-8 中的 $t_反$。

第二节　流体力学基础知识

石油是流体的一种。石油的流动性质、运动规律在某些方面和水有相同的特点。流体力学的原理在输油生产中被广泛地应用，对于从事生产的人员来说，学习和掌握有关流体力学的基础知识是极其重要的。

一、水力学基本概念

1. 流量

单位时间内流经有效断面的流体量，称为流量。

流量有两种表示方法：一种是体积流量，以单位时间内通过的流体体积表示，或习惯称为流量，记为 Q，其单位符号为 m^3/s，也常用 L/s 或 m^3/h 等辅助单位；另一种是质量流量，以单位时间内通过的流体质量表示，记为 G，单位是 kg/s。

2. 流速

体积流量等于断面平均流速 v 与有效断面面积 A 的乘积。反之，根据断面面积与体积流量，可求得断面平均流速。工程上所说的管道中流体的流速，便是相当于断面平均流速而言的。

3. 层流

流体流动时，如果质点没有横向脉动，不引起流体质点的混杂，而是层次分明，能够维持稳定的流束状态，这种流动状态称为层流。

4. 紊流

流体流动时，质点具有横向脉动，引起流层质点相互错杂交换，这种流动状态称为紊流。

5. 雷诺数

雷诺数标志着油流中惯性力与黏滞力之比。雷诺数小时，黏滞力起主要作用；雷诺数大时，惯性损失起主要作用。

$$Re = \frac{vd}{\nu} = \frac{4Q}{\pi d\nu} \tag{2-14}$$

式中　v——油品平均流速，m/s；

d——管道内径，m；

ν——油品的运动黏度，m^2/s；

Q——油品在管路中的体积流量，m^3/s。

液体的流动是层流还是紊流可用雷诺数 Re 进行判别。由层流转变到紊流的雷诺数称为临界雷诺数，以 Re_{ej} 表示。

二、水静力学

工程上最常见的流体静止或平衡是指流体相对于地球没有运动的静止状态，也就是质量力只有重力作用下的情况。本节仅对这种流体静止平衡的情况进行讨论。

1. 水静压强

处于静止状态的液体，其内部各质点之间、质点对容器的壁面，均有压力的作用。我们将静止液体内部各质点间作用的压力，以及液体质点对容器壁作用的压力叫作水静压力。静止液体作用在单位面积上的水静压力称为水静压强。其计算公式为：

$$P_0 = \frac{P}{A} \tag{2-15}$$

式中　P_0——受压面上的水静压强，Pa；

P——作用在受压面上的水静压力，N；

A——受压面面积，m^2。

水静压强有两个很重要的特性：一是水静压强的方向垂直并指向作用面；二是静止液体中任意一点的水静压强不论来自哪个方向，其大小都相等。换言之，同一点的水静压强各向等值。

2. 水静力学基本方程

$$P = P_0 + \rho g h \tag{2-16}$$

式中　P——静止液体中任一点 M 的水静压强，N/m^2；

P_0——液面上的压强，N/m^2；

ρ——液体的密度，kg/m^3；

g——重力加速度，m/s^2；

h——M 点距液面的铅垂深度，m。

式（2-16）定量地揭示了静止液体中水静压强与深度之间的关系，反映了水静压强的分布规律，一般称为水静力学基本方程式。该方程式在水静力学中占有重要位置，是最基本也是最重要的一个方程式。

根据公式（2-16），还可得出液体内部深度不同两点之间的压强差。

$$P_2 = P_1 + \rho g \Delta h \tag{2-17}$$

水静力学基本方程式的另一种表达形式为：

$$Z_1 + \frac{P_1}{\rho g} = Z_2 + \frac{P_2}{\rho g} = C \tag{2-18}$$

上式是水静力学基本方程式的另一种表达形式。

式（2-16）、式（2-17）、式（2-18）是重力作用下的平衡方程的三种形式，都属于水静力学基本方程式。它说明：

①静止流体中任一点的压力 P 等于表面压力 P_0 与从该点到流体自由表面的单位面积上的液柱重量（γh）之和。若自由表面上的压力 $P_0 = P_a$ 时，则式（2-16）可写为：

$$P = P_a + \rho g h$$

②在静止流体中，压力随深度按线性规律变化。

③在静止流体中，相同沉没深度（h = 常数）各点处压力相等。也就是在同一个连续的重力作用下的静止流体的水平面都是等压面。但必须注意，这个结论只是对互相连通而又是同一种流体才适用。

3. 静力学基本方程式的涵义

Z，位置水头（或称位置高度），表示某一点相对于某一基准面的位置高度。

$\dfrac{P}{\rho g}$，压强水头，表示在某点的压强作用下，液体能沿测压管上升的高度。

$Z + \dfrac{P}{\rho g}$，测压管水头，表示测压管内液面相对于基准面的高度。

$Z + \dfrac{P}{\rho g} = C$，表示在同一容器的静止液体中，所有各点的测压管水头均相等。

方程 $Z + \dfrac{P}{\rho g} = C$ 表示在同一容器的静止液体中，所有各点对同一基准面的总势能相等。

4. 压强的量度和表示方法

压强以不同的基准量度，则有不同的数值。以物理真空为基准量度的压强称为绝对压强；以大气压强为基准量度的压强称为相对压强。相对压强的大小通常以压力表上的读数来反映，因此，相对压强也叫作表压强。绝对压强恒为正值，但是表压强可正可负，也就是说某点的绝对压强可能大于大气压强，也可能小于大气压强。当绝对压强大于大气压强时，表压强为正值；当绝对压强小于大气压强时，表压强为负值。负的表压强不能用压力表量测，而用真空表量测。真空表上的读数表明绝对压强比大气压强低的数值，称为真空度。

绝对压强、表压强和真空度之间的关系如图 2-9 所示。

相应的数学关系式如下：

当 $P_绝 > P_a$ 时，则

$$P_表 = P_绝 - P_a \qquad (2-19)$$

式中　　$P_绝$——绝对压强；

　　　　P_a——大气压强；

　　　　$P_表$——表压强。

表压强是绝对压强比大气压强高的值。本书以

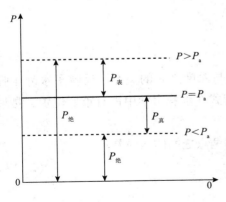

图 2-9　绝对压强、表压强和真空度的关系

后所讲的压强，如无特别说明均指表压强。

当 $P_绝 < P_a$ 时，则

$$P_真 = P_a - P_绝 = -P_表 \qquad (2-20)$$

式中　$P_真$——真空度。真空度是绝对压强比大气压强低的值。

工程上还有以下两种表示压强的方法：

①用液柱高度表示，单位为米液柱或毫米液柱。在物理学中，1 标准大气压（符号：atm）相当于 760mm 汞柱在其底部产生的压强，取标准重力加速度，则

$$1atm = 760mmHg = 101325N/m^2 = 101.325kPa = 10.332mH_2O$$

②用大气压的倍数表示压强，单位符号为 atm 或 at（标准大气压或工程大气压）。在实际工程上，为了计算方便，常用工程大气压表示压强。1at = 98.0665kPa。工程中，取 g = 9.81m/s^2，则

$$1at = 98.1kPa = 735.6mmHg = 10.0mH_2O$$

三、摩阻损失

摩阻损失：表示在管路中流动的流体质点之间和质点与管路之间的摩擦所消耗的能量。

长输管道的摩阻损失包括两部分：一是沿程摩阻 h_1，表示油流通过直管段所产生的摩阻损失；二是局部摩阻 h_ζ，表示油流通过各种阀件、管件所产生的摩阻损失。长输管道站间管路的摩阻损失主要是沿程摩阻，局部摩阻只占 1% ~ 2%。而泵站的站内摩阻则主要是局部摩阻，尤其是在计算由储罐供油的吸入管路及事故保护的安全阀的泄压管路时，局部摩阻可能成为主要矛盾，必须审慎处理。

单位质量液体在重力作用下，整个流程中的总摩阻损失 h_w 等于该流程中沿程摩阻损失 h_1 与局部摩阻损失 h_ζ 之和。即：

$$h_w = \sum h_1 + \sum h_\xi$$

（一）沿程摩阻损失

1. 达西公式（对层流和紊流都适用）

管路的沿程摩阻损失 h_1 可按达西（Darcy-Weisbach）公式计算：

$$h_1 = \lambda \frac{L}{d} \frac{v^2}{2g} \qquad (2-21)$$

式中　h_1——沿程摩阻损失，m；

　　　λ——水力摩阻系数；

　　　L——管线长度，m；

　　　d——管内径，m；

　　　v——液流平均速度，m/s；

　　　g——重力加速度，取 9.8m/s^2。

水力摩阻系数 λ 随流态不同而不同，理论和实验都表明水力摩阻系数是雷诺数 Re 和

管壁相对当量粗糙度 ε 的函数。

$$\varepsilon = \frac{2e}{d} \tag{2-22}$$

式中　e——管壁的绝对当量粗糙度，m；

　　　　d——管道内径，m。

2. 绝对当量粗糙度的确定

管壁的绝对当量粗糙度指管内壁凸起高度的统计平均值。由于制管及焊接、安装过程中的种种原因，管内壁难免是凹凸不平的，其凸起的高度、形式及分布情况具有随机性质。

《输油管道工程设计规范》（GB 50253—2014）中所推荐的管壁绝对当量粗糙度 e 设计取值为：

无缝钢管，$e = 0.06$mm；直缝钢管，$e = 0.054$mm；螺旋缝钢管，$DN250 \sim DN350$ 时，$e = 0.125$mm，$DN400$ 以上时，$e = 0.10$mm。

由于实际管路的粗糙度难以测定，因此用当量粗糙度表示实际管路的粗糙程度。当量粗糙度是将实际管路与人工粗糙管路的实验结果进行比较，把具有相同沿程摩阻系数 λ 的人工粗糙管的绝对粗糙度作为实际管路的绝对粗糙度，则称为实际管路的当量粗糙度。通常讲的各种管路的绝对粗糙度指的就是当量粗糙度。工程中常用管路的当量粗糙度 e 值见表2-10，其他管路的当量粗糙度可查阅有关手册。

表2-10　常用管路的当量粗糙度 e　　　　　　　mm

管路种类	当量粗糙度 e	管路种类	当量粗糙度 e
清洁的无缝钢管、铝管	$0.0015 \sim 0.01$	涂柏油的钢管	$0.12 \sim 0.21$
新的精制无缝钢管	$0.04 \sim 0.17$	新的铸铁管	$0.25 \sim 0.42$
通用的输油管	$0.14 \sim 0.15$	普通的镀锌管	0.39
普通钢管	0.19	旧的钢管	$0.50 \sim 0.60$

3. 不同流态区摩阻系数的计算

流体在管路中的流态按雷诺数来划分，在不同的流态区，水力摩阻系数与雷诺数及管壁粗糙度的关系不同，我国目前常用的公式如表2-11所示。

当雷诺数在2000以内时，流态为层流，液流的质点平行于管道中心轴线运动，水力摩阻系数 λ 仅与雷诺数 Re 有关。流态由层流转变为紊流，是一种突变，但其发生突变时的雷诺数值，却因各种影响流动的具体因素的不同而异，如流动通道的形状、油流温差而引起的自然对流等。突变的雷诺数一般在 $2000 \sim 3000$ 之间。但对于热重油管路，也有在 $Re < 2000$ 时已进入紊流的现象。在该范围内流动状态很不稳定，通常应尽量避免在该区域内工作。在该过渡区内，λ 值尚无成熟的计算公式，$2000 < Re < 3000$ 范围内可暂按紊流光滑区计算。

表2-11　不同流态的 λ 值

流态		划分范围	$\lambda = f(Re, \varepsilon)$
层流		$Re < 2000$	$\lambda = \dfrac{64}{Re}$
紊流	水力光滑区	$3000 < Re < Re_1 = \dfrac{59.5}{\varepsilon^{8/7}}$	$\dfrac{1}{\sqrt{\lambda}} = 1.81 \lg Re - 1.53$ $Re < 10^5$ 时，$\lambda = 0.3164 Re^{-0.25}$
	混合摩擦区	$\dfrac{59.5}{\varepsilon^{8/7}} < Re < Re_2 = \dfrac{665 - 765 \lg \varepsilon}{\varepsilon}$	$\dfrac{1}{\sqrt{\lambda}} = -2 \lg \left(\dfrac{e}{3.7d} + \dfrac{2.51}{Re\sqrt{\lambda}} \right)$ $\lambda = 0.11 \left(\dfrac{e}{d} + \dfrac{68}{Re} \right)^{0.25}$
	粗糙区	$Re > Re_2 = \dfrac{665 - 765 \lg \varepsilon}{\varepsilon}$	$\lambda = \dfrac{1}{(1.74 - 2\lg\varepsilon)^2}$

注：（1）当 $2000 < Re < 3000$ 时，可暂按紊流水力光滑区计算。
　　（2）Re_1—由水力光滑区向混合摩擦区过渡的临界雷诺数。
　　（3）Re_2—由混合摩擦区向粗糙区过渡的临界雷诺数。
　　（4）e—管内壁绝对（当量）粗糙度。

例2-3　普通钢管的直径 $D = 200\text{mm}$，长度 $L = 3000\text{m}$，输送相对密度为 0.9 的石油。若质量流量 $m = 90\text{t/h}$，其运动黏度在冬季为 $1.09 \times 10^{-4}\text{m}^2/\text{s}$，在夏季为 $0.355 \times 10^{-4}\text{m}^2/\text{s}$，试确定沿程摩阻损失各为多少?

解： 首先根据雷诺数判别石油在冬、夏季的流动状态。

由 $m = \rho Q$ 得：

$$Q = \frac{m}{\rho} = \frac{90 \times 10^3}{0.9 \times 10^3 \times 3600} = 0.0278 \ (\text{m}^3/\text{s})$$

$$v = \frac{Q}{A} = \frac{4Q}{\pi D^2} = \frac{4 \times 0.0278}{\pi \times 0.2^2} = 0.885 \ (\text{m/s})$$

在冬季：

$$Re_冬 = \frac{vD}{\nu_冬} = \frac{0.885 \times 0.2}{1.09 \times 10^{-4}} = 1620 < 2000$$

故流动状态为层流，则沿程阻力系数为：

$$\lambda_冬 = \frac{64}{Re_冬} = \frac{64}{1620} = 0.040$$

在夏季：

$$Re_夏 = \frac{vD}{\nu_夏} = \frac{0.885 \times 0.2}{0.355 \times 10^{-4}} = 4990 > 2000$$

显然，石油以紊流状态流动。为了选择沿程摩阻系数 λ 的计算公式，需要进一步判别夏季管中油流的流区。

普通钢管的粗糙度由表2-9查得 $e = 0.19\text{mm}$，水力光滑区的上限雷诺数为：

$$Re_1 = \frac{59.7}{\varepsilon^{8/7}} = \frac{59.7}{\left(\dfrac{2 \times 0.19}{200}\right)^{8/7}} = 76900 > 4990$$

由于 $2000 < Re_夏 < 76900$，即管中油流属于紊流水力光滑区。因此，沿程摩阻系数为：

$$\lambda_夏 = \frac{0.3164}{Re_夏^{0.25}} = \frac{0.3164}{4990^{0.25}} = 0.038$$

根据达西公式得到冬、夏季的沿程摩阻损失分别为：

$$h_{1冬} = \lambda_冬 \frac{L}{D} \frac{v^2}{2g} = 0.040 \times \frac{3000}{0.2} \times \frac{0.885^2}{2 \times 9.81} = 24.0 \ (\text{m 油柱})$$

$$h_{1夏} = \lambda_夏 \frac{L}{D} \frac{v^2}{2g} = 0.038 \times \frac{3000}{0.2} \times \frac{0.885^2}{2 \times 9.81} = 22.8 \ (\text{m 油柱})$$

4. 综合参数摩阻计算公式——列宾宗公式

使用达西公式计算沿程摩阻，由于 λ 与 Re 和 ε 有关，不便分析各参数对摩阻的影响。对达西公式中的各参数进行重新整理，可得到便于使用的综合参数摩阻计算式，即列宾宗公式。

上述各流态区 λ 的计算式可总合成为下式：

$$\lambda = \frac{A}{Re^m} \tag{2-23}$$

将上式及 $v = \dfrac{4Q}{\pi d^2}$，$Re = \dfrac{4Q}{\pi d \nu}$ 代入达西公式，可得：

$$h_1 = \beta \frac{Q^{2-m} \nu^m}{d^{5-m}} \cdot L \tag{2-24}$$

其中：

$$\beta = \frac{8A}{4^m \cdot \pi^{2-m} \cdot g}$$

各流态区的 A、m、β 值及沿程摩阻计算式见表 2-12。

表 2-12 不同流态时的 A、m、β 值

流 态		A	m	$\beta/(\text{s}^2/\text{m})$	$h/\text{m 液柱}$
层流		64	1	$\dfrac{128}{\pi g} = 4.15$	$h_1 = 4.15 \dfrac{Q\nu}{d^4} L$
紊流	水力光滑区	0.3164	0.25	$\dfrac{8A}{4^m \pi^{2-m} g} = 0.0246$	$h_1 = 0.0246 \dfrac{Q^{1.75} \nu^{0.25}}{d^{4.75}} L$
	混合摩擦区	$10^{0.127 \lg \frac{e}{d} - 0.627}$	0.123	$\dfrac{8A}{4^m \pi^{2-m} g} = 0.0802A$	$h_1 = 0.0802A \dfrac{Q^{1.877} \nu^{0.123}}{d^{4.877}} LA$ $A = 10^{0.127 \lg \frac{e}{d} - 0.627}$
	粗糙区	λ	0	$\dfrac{8\lambda}{\pi^2 g} = 0.0826\lambda$	$h_1 = 0.0826\lambda \dfrac{Q^2}{d^5} L$ $\lambda = 0.11 \left(\dfrac{e}{d}\right)^{0.25}$

注：混合摩擦区推导 A 和 m 时，取 $Re_1 = \dfrac{10d}{e}$，$Re_2 = \dfrac{500d}{e}$。

表 2-12 中所列各流态区的摩阻计算式，反映了沿程摩阻与流量 Q、黏度 ν、管内径 d、管长 L 间的相互关系。它们的共同点是：随着流量、黏度和管长的增大或管径的减小，沿程摩阻随之增大。但在各流态区，各参数的影响程度是不相同的。随着 Re 的增大，从层流到紊流光滑区、混合摩擦区以至粗糙区，式中的 m 值由 1、0.25、0.123 变至 0。因此，随着 Re 的增大，输量、管径对摩阻的影响越来越大，而黏度对摩阻的影响由大变小直到没有影响。只有管道长度对摩阻的影响在各种流态时都相同。

例 2-4　某长输管道的直径 $D = 260\text{mm}$，长度 $L = 50\text{km}$，起点高度 $Z_1 = 45\text{m}$，终点高度 $Z_2 = 85\text{m}$。油品相对密度 $d = 0.88$，运动黏度为 $\nu = 27.6 \times 10^{-6}\ \text{m}^2/\text{s}$，设计输量 $m = 200\text{t}/\text{h}$，试确定管路中的压降（管壁绝对粗糙度为 0.15mm）。

解：由质量流量 $m = d\rho_{水} Q$ 得体积流量：

$$Q = \frac{m}{d\rho_{水}} = \frac{200 \times 10^3}{0.88 \times 10^3 \times 3600} = 0.063\ (\text{m}^3/\text{s})$$

$$Re = \frac{4Q}{\pi D\nu} = \frac{4 \times 0.063}{\pi \times 260 \times 10^{-3} \times 27.6 \times 10^{-6}} = 1.12 \times 10^4 > 2000，紊流$$

水力光滑区的上限雷诺数：

$$\frac{59.7}{\varepsilon^{8/7}} = \frac{59.7}{\left(\frac{2 \times 0.15}{260}\right)^{8/7}} = 1.36 \times 10^5 > Re$$

因此，管路中油流的流区为水力光滑区：

$$\beta = 0.0246,\ m = 0.25$$

对管路的起点和终点列伯努利方程：

$$z_1 + \frac{p_1}{\rho g} = z_2 + \frac{p_2}{\rho g} + h_1$$

$$h_1 = (z_1 - z_2) + \frac{1}{\rho g}(p_1 - p_2)$$

又

$$h_1 = \beta \frac{Q^{2-m}\nu^m L}{d^{5-m}}$$

即

$$(z_1 - z_2) + \frac{1}{\rho g}(p_1 - p_2) = \beta \frac{Q^{2-m}\nu^m L}{d^{5-m}}$$

可得压降：

$$p_1 - p_2 = \rho g \left[\beta \frac{Q^{2-m}\nu^m L}{d^{5-m}} - (z_1 - z_2) \right]$$

$$= 0.88 \times 10^3 \times 9.81 \times \left[0.0246 \times \frac{0.063^{2-0.25} \times (27.6 \times 10^{-6})^{0.25} \times 50 \times 10^3}{(260 \times 10^{-3})^{5-0.25}} - (45 - 85) \right]$$

$$= 4.00 \times 10^6\ (\text{Pa})$$

（二）局部摩阻损失

在管道系统中，流道形状和流动状态并非一成不变，当液体流经管件、阀件或某些设备时，会不可避免地产生局部摩阻损失。局部摩阻按式（2-25）计算。

$$h_\xi = \xi \frac{v^2}{2g} \qquad (2-25)$$

式中 ξ——管件或阀件的局部阻力系数；

v——流速，一般取阀件下游管道内的平均流速，m/s。

通过实验可测定管件或阀件的局部阻力系数。在紊流状态下，ξ 值近似为常数。而在层流状态下，ξ_c 随雷诺数的变化而变化。因此，需按下式对层流状态下的局部阻力系数 ξ_c 进行修正：

$$\xi_c = \varphi \cdot \xi$$

阀门的阻力系数与阀门的开度 φ 有关，一般阀门的阻力系数（调节阀除外）指的是全开条件下的测定值。可查阅《油库设计与管理》或有关手册得到 ϕ 以及各种管件、阀件的 ξ 值。

管路系统中的某些设备可视为局部阻力源，比如流量计、加热炉、换热器等。可查阅产品说明书，或直接向生产厂家查询，得到其摩阻损失。

相对于整个管道系统，长输管道各站场（泵站、加热站、计量站或清管站等）也可视为局部阻力。站内管道与众多的管件、阀件和设备等连接，相互交错，站内摩阻损失 h_m 等于流体流经各管道、管件、阀件和设备等所产生的局部阻力损失之和。管道中间站场的运行状态（工作或越站）不相同，所产生的局部阻力损失也不相同。在长输管道系统中，由于站场的阻力损失往往只占管道总摩阻的很小一部分，因此在进行管道工艺设计计算时，站场局部阻力一般取为定值。

（三）管道压降计算

对管长 L 和管内径 d 一定的管道，当输送一定量的某种油品时，起点至终点的总压降 H 可按下式计算：

$$H = h_1 + \sum_{i=1}^{n} h_{mi} + (Z_Z - Z_Q) \qquad (2-26)$$

式中 h_1——沿程摩阻；

$\sum_{i=1}^{n} h_{mi}$——各站的站内摩阻之和；

$Z_Z - Z_Q$——管道终点与起点的高程差。

h_1 和 h_m 可分别按上述方法计算。

四、管道的水力坡降

（一）水力坡降

管道的水力坡降就是单位长度管道的摩阻损失，可用下式表示：

$$i = \frac{h_1}{L} = \beta \frac{Q^{2-m} \nu^m}{d^{5-m}} \qquad (2-27)$$

水力坡降只随流量、黏度、管径和流态的不同而不同，而与管道的长度无关。对于长输管道，若水力坡降 i 已知，则全线的压头损失可用下式表示：

$$H = iL + \Delta Z \tag{2-28}$$

为便于后面的公式推导，令

$$i = fQ^{2-m}$$

式中 f——单位流量下，单位管道长度上的摩阻损失，即 $Q = 1$ 时的水力坡降。

$$f = \beta \frac{\nu^m}{d^{5-m}}$$

全线所需压头也可表示为：

$$H = fLQ^{2-m} + \Delta Z \tag{2-29}$$

（二）副管段的水力坡降

如图 2-10 所示，主管流量为 Q_1，直径为 d，副管流量为 Q_2，直径为 d_f。该管段内主、副管长度基本相等，压降相同，因此该段内主、副管的水力坡降也相同，即

$$i_f = \beta \frac{Q_1^{2-m} \nu^m}{d^{5-m}} = \beta \frac{Q_2^{2-m} \nu^m}{d_f^{5-m}} \tag{2-30}$$

副管段前后单根主管的水力坡降为：

$$i = \beta \frac{Q^{2-m} \nu^m}{d^{5-m}} \tag{2-31}$$

式中 $Q = Q_1 + Q_2$。

如果单根主管段与副管段的流态相同，则通过上述各式可以得到，单根主管段与副管段的水力坡降之间有如下关系：

$$i_f = \frac{i}{\left[1 + \left(\dfrac{d_f}{d} \right)^{\frac{5-m}{2-m}} \right]^{2-m}} \tag{2-32}$$

上式可改写为：

$$i_f = i_\omega \tag{2-33}$$

$$\omega = \frac{1}{\left[1 + \left(\dfrac{d_f}{d} \right)^{\frac{5-m}{2-m}} \right]^{2-m}} \tag{2-34}$$

如主管与副管的直径相同，则

$$i_f = \frac{i}{2^{2-m}} \tag{2-35}$$

层流区：$m = 1$，$i_f = 0.5i$；

水力光滑区：$m = 0.25$，$i_f = 0.298i$；

混合摩擦区：$m = 0.123$，$i_f = 0.272i$；

粗糙区：$m = 0$，$i_f = 0.25i$。

m 值越小，采用副管以减少压头损失的效果越显著。

（三）变径管的水力坡降

如图 2-10 所示，变径管的管径为 d_0，水力坡降为 i_0，该段内两管段的流量及油流黏

度相等，则有：

$$i_0 = \beta \frac{Q^{2-m} \nu^m}{d_0^{5-m}} \qquad (2-36)$$

$$i = \beta \frac{Q^{2-m} \nu^m}{d^{5-m}} \qquad (2-37)$$

若主管段与变径管段的流态相同，上两式的变径管的水力坡降与主管的水力坡降间的关系为：

$$i_0 = i \left(\frac{d}{d_0}\right)^{5-m} \qquad (2-38)$$

上式可改写为：

$$i_0 = i\Omega \qquad (2-39)$$

$$\Omega = \left(\frac{d}{d_0}\right)^{5-m} \qquad (2-40)$$

在纵断面图上，管道的水力坡降线是管内流体的能量压头（忽略动能压头）沿管道长度的变化曲线，如图 2-11 所示。等温输油管道的水力坡降线是斜率为 i 的直线。若影响水力坡降的因素（管径、流量和黏度）之一发生变化，水力坡降线的斜率就会变化，但依然是直线。图 2-10 是沿线有副管和变径管时水力坡降线的变化情况。

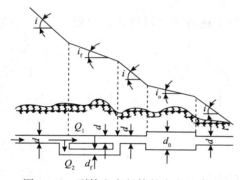

图 2-10　副管和变径管的水力坡降线

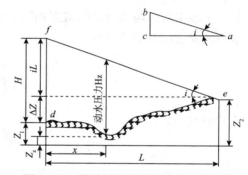

图 2-11　管道的纵断面图和水力坡降线

绘制水力坡降线的方法如下：在管道纵断面上，按照横、纵坐标的比例，平行于横坐标画出一段线段 ca，平行于纵坐标，由 c 点向上画出对应 ca 段管道长度内的摩阻损失 cb，连接 ab 得到水力坡降三角形。ab 直线的斜率即水力坡降 i。再在管道纵断面图的泵站位置上，以高程为起点往上作垂线，按纵坐标的比例，取高为 d_f 的线段，使 d_f 的值等于单位为米液柱的泵站出站压头 H_d，即进站压头 H_s 与工作点处的泵站扬程 H_c 之和再减去站内摩阻 h_m 之值。即

$$H_d = H_S + H_C - h_m$$

平移水力坡降三角形的斜边，使其左端与 f 点相接，右端与纵断面线交于 e 点，斜线 fe 即为该站间的水力坡降线，如图 2-11 所示。

在图 2-10 中，纵断面线表示管道内流体位能的变化，水力坡降线表明管道沿线的压力损失情况。管道沿线任一点水力坡降线与纵断面线之间的垂直距离，表示液体流至该点

时管内的剩余压头，又称动水压力 H_x。

$$H_x = H - [ix + (Z_x - Z_1)] \qquad (2-41)$$

当水力坡降线与纵断面线相交于 e 点时，表示液体到达该点时压能已耗尽。如果要继续往前输送，必须重新升压。显然，沿线管内动水压力的大小除与地形有关外，还决定于水力坡降的大小。当管道输送工况改变，导致水力坡降发生变化时，沿线的动水压力也会不同。

五、翻越点及计算长度

在线路地形起伏较大的情况下，在纵断面图上作水力坡降线以检查沿线压力分布时，可能出现如图 2-12 虚线所示的情况，即按起终点高差由式（2-26）计算出起点处压头 H，并由此作水力坡降线时，在达到终点以前，水力坡降线就与管道纵断面线相交了。

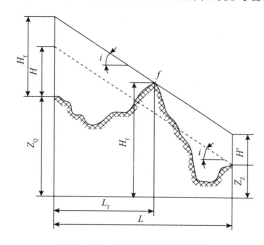

图 2-12　翻越点与计算长度

这说明按式（2-26）计算的起点压头 H 不能将此流量的液流输送到管道终点，因为式（2-26）没有考虑线路中途的高峰的影响。设该高峰 f 处的高程为 Z_f，距起点的距离为 L_f，则将规定流量的液流输送到该高峰处所需的起点压力为：

$$H_f = iL_f + Z_f - Z_Q > iL + Z_z - Z_Q = H \qquad (2-42)$$

为使液流通过该高峰 f，必须使液流在起点具有比 H 更高的压头 H_f。而在 f 点以后，其与终点的高程差 $(Z_f - Z_z)$ 大于该段管路的摩阻 $i(L - L_f)$，其差值即为 $H' = H_f - H$。这说明在规定输量下，液流不仅可从高峰自流到终点，而且还有剩余能量。如果不采取其他措施加以利用或者消耗掉这部分剩余能量，那么在高峰以后的管段内将会发生不满流，即通过局部流速变大来消耗剩余的能量。不满流管段中的压力为输送温度下油品的蒸气压。线路上的这种高峰就称为翻越点。翻越点后管内的流动状态如图 2-13 所示。

不满流的存在不仅浪费了能量，而且有可能在液流速度突然变化时增大水击压力。在顺序输送的管道上还会增大混油量，因此通常需要采取措施加以避免。例如，在翻越点后换用小直径管路，在终点或中途设减压站进行节流，在局部地段增加壁厚以克服大落差所

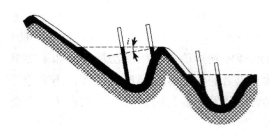

图 2-13　翻越点后的流动状态

造成的动、静压过高等。

当线路上存在翻越点时，管道输送所需要的起点压力不能按起终点高程差及管道全长来计算，而应该按照起点与翻越点的高程差及距离来计算。对于翻越点以后，可以按照充分利用位差的原则来选择管径或采取其他措施消除不满流。起点与翻越点之间的距离称之为管道的计算长度。

可以用在纵断面图上作水力坡降线的方法，来判断地形起伏剧烈的线路上是否有翻越点。在接近管道末端的纵断面线的上方，按其纵、横坐标的比例作水力坡降线，将此线向下平移，直到与纵断面线相切为止。若水力坡降线在与管道终点相交之前，不与管道纵断面上的任一点相切，则不存在翻越点。反之，在与终点相交前，水力坡降线与纵断面线的第一个切点就是这条管道的翻越点，如图 2-12 所示。翻越点不一定是管道沿线的最高点，而往往是接近管道末端的某高点。

管道有无翻越点，不仅与沿线地形起伏状况有关，还取决于水力坡降的大小。水力坡降越小，越容易出现翻越点。因此，在管道输量逐年递增的情况下，常可能在输送初期有翻越点，而在输量接近满负荷时，就没有翻越点了。

第三节　传热学基础知识

一、传热学基本概念

热能从一物体传向另一物体或从物体的一部分传向另一部分的过程，称为传热过程。传热学是研究热量传递规律的科学。

传热学遵循热力学第二定律：热能只能自发地由高温处传到低温处。

①物体内只要存在温差，就有热量从物体的高温部分传向低温部分；

②物体之间存在温差时，热量就会自发地从高温物体传向低温物体。

传热学的应用领域较为广泛，大到航天飞机的热控制与热保护，小到电脑 CPU 的散热。传热学同样在石油工业中发挥重要作用，用于高凝高黏原油的开发、存储、运输、加工等领域。

传热过程是需要热载体的。在传热过程中温度较高放出热量的物体称为热载体，温度较低吸收热量的物体称为冷载体。例如，加热炉中原油为冷载体，加热炉管为热载体。

传热根据不同物理过程分为热传导、热对流、热辐射。

二、热传导

热量从一物体的高温部分传递到该物体的低温部分或从直接接触的两物体间温度高的物体传到温度低的物体，这个过程叫作热传导。

热传导是热传递的三种方式（热对流、热传导、热辐射）之一，是固体中热传递的主要方式。在气体或液体中，热传导过程往往和对流同时发生。在炎热的夏季，我们将手掌放置在冰块上，手掌会感到逐渐变冷，而冰块会逐渐吸热融化，这是热传导现象。

各种物质的热传导性能是不同的。导热性能好的物质（如金属）称为热的良导体；导热性能差的物质称为热的不良导体；导热性能很差的物质称为热的绝缘体（如各种保温材料）。热传导只在两种物体相接触并且有温度差时才能进行。

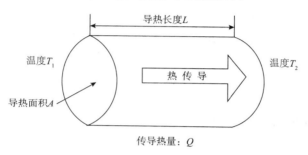

图 2-14　热传导示意图

在图 2-14 的导热模型中，达到热平衡后，热传导遵循傅立叶传热定律：

$$Q = K \cdot A \cdot (T_1 - T_2)/L \qquad (2-43)$$

式中　Q——传导热量，W；

　　　K——导热系数，W/(m·℃)；

　　　A——传热面积，m²；

　　　L——导热长度，m；

$(T_1 - T_2)$——温度差，℃。

从上式可以看出：单位热传导热量的大小与传导面积、温差成正比，与传导距离成反比，另外还取决于导热系数的大小。

图 2-15　钢管热传导示意图

例 2-5　某 $\phi 60 \times 3$ 钢制管道，管内温度为 25℃。外包一层厚 30mm 的保温石棉，石棉外侧环境温度为 0℃。钢管和石棉导热系数分别为 45W/(m·℃) 和 0.16W/(m·℃)，求单位管长上的热量损失？

解：

$$Q = \frac{\pi(T_1 - T_2)}{\sum_{i=1}^{2} \frac{b_i}{K_i d_{mi}}} = \frac{\pi(25 - 0)}{\frac{3}{45 \times 58.5} + \frac{30}{0.16 \times 86.6}} = 36.2385 \,(\text{W/m})$$

经计算单位管长的热量损失为 36.2385W/m。

三、热对流

由于流体（液体及气体）质点的移动，将热量由空间的一部分带到另一部分的传热方式，称为对流传热。

例如，冬季我们室内取暖用的暖气片，因为空气的流动，带动了热量的传递，提高了室内的温度。

根据流体流动的原因，对流传热可以分为自然对流传热和强制对流传热。自然对流传热是由于流体内部各点温度不同，造成密度的差异，从而引起流体质点间相对运动而进行的热交换；强制对流传热是流体在外力作用下产生的强制运动而进行的热交换。

由于流体的流动状态不同，其传热方式也不同。在层流状态下，传热以热传导为主，在紊流状态下，传热以对流换热为主。因而紊流状态下的传热比层流状态下快。

对流换热计算公式如下：

$$Q = \alpha \ (t_w - t_f) \ F \tag{2-44}$$

式中　　Q——对流换热量，W；

t_w，t_f——壁面和流体的平均温度，℃；

F——对流换热面积，m^2；

α——对流换热系数，$W/(m^2 \cdot ℃)$。

从上式可以看出，热对流过程换热系数对换热量大小有较大影响。液体在紊流状态下，在流体和管道壁接触面上，由于流体的黏性作用，在紧靠管壁有一层极薄的液体存在，此层液体以很小的速度沿平行于管壁的方向运动，该层传热依靠热传导作用，其热阻较大。该层流边界层的厚度与流体黏度和流动速度有关。黏度大、流速小，边界层就厚。因此，提高流速，增加紊流状态，减少边层厚度，是提高传热能力、防止炉管结焦的有效措施。

四、热辐射

物体（固体、液体、部分气体）的热量不借助任何物质，而以辐射能的形式传送的过程，称为辐射传热。

所有的物体都不断地发出辐射能。这些辐射能投射到另一物体时，其中一部分被吸收，另一部分被其反射。例如：人们站在加热炉前，脸上可以感受到炙热，这就是受到了辐射热。物体间，辐射热的交换是由高温物体传热给低温物体。当物体的温度相等时，则彼此吸收与放出的热量相等，达到平衡。

两物体辐射换热的公式如下：

$$Q = C_n \left[\left(\frac{T_1}{100} \right)^4 - \left(\frac{T_2}{100} \right)^4 \right] F_1 \tag{2-45}$$

式中　　C_n——辐射系数，$W/(m^2 \cdot ℃)$；

T_1，T_2——两物体表面的绝对温度，℃；

F_1——辐射体的辐射表面积，m^2。

从上式可以看出：辐射热量的大小与两物体的绝对温度四次方之差成正比。

五、复合传热与传热系数

对比三种传热方式，导热、对流两种热量传递方式只有在物质存在的条件下才能实现，而辐射不需要中间介质，可以在真空中传递。在自然界中不存在单一的热传导、热对流或热辐射。加热炉的传热包括传导、对流、辐射三种方式。将传导、对流、辐射有机组合，整个传热体系称为复合传热，比如换热器、加热炉等。

由炉管外表面通过管壁传导内表面的传热为热传导；由炉管内表面向管内流体的传热既有对流，又有传导。加热炉主要加热部位为辐射室与对流室。辐射室内，炉管外表面的受热，绝大部分来自火焰、高温气体及炉墙所发出的辐射热。在辐射室内，主要通过辐射向炉管传热，但由于辐射室内气体流经管壁，也有对流传热；在对流室内，炉管外表面的受热，绝大部分来自烟道气的对流传热，因而对流室内炉管又叫对流管。在对流室内以对流传热为主，也有一部分是烟道气和炉墙发出的辐射热。

传热系数 K 为冷热流体间温差为 1℃时，单位传热面积在单位时间内传递的热量。K 用来表征传热过程强烈程度的指标，K 值越大，则传热过程越强烈。

第四节　视图基础知识

工程图纸是用来表达输油站库、管道的基本内容和组成，是工程设计的关键文件，是工程施工和生产运行管理的根本依据，是重要的共同技术语言和技术文件。

输油管道工程设计可分为前期设计（包括规划设计、方案设计、可行性研究等）、初步设计（基础设计）、施工图设计（详细设计）等多个阶段，工程设计图纸根据不同的设计阶段有不同的设计内容和深度要求。工程图纸一般按专业进行分类，有线路、工艺、自控与仪表、供配电、通信、设备（或机械）、总图、土建、暖通、消防、给排水、阴保、防腐等专业内容，具体各专业有不同的图纸内容。油气储运（工艺）专业图纸按设计阶段不同，一般有表 2-13 所示的图纸内容。

表 2-13　工艺专业不同阶段图纸内容要求

设计阶段	前期设计	初步设计	施工图设计
图纸内容	1. 工艺系统总流程图 2. 站场工艺流程图	1. 管道系统总工艺流程图 2. 站场（及阀室）工艺流程图 3. 主要设备及管线平面布置图 4. 站内工艺管网布置图	1. 工艺安装流程图 2. ［输油泵区（棚、房）、阀组区、计量区、加热炉（或换热器）区、罐区和罐前阀组区、装卸区等］工艺安装图 3. 生产区工艺管网安装图 4. 单线图（三维制图）

一、图纸构成和基本内容

（一）图纸幅面

工艺设计图纸的基本幅面及图框尺寸一般按照《石油天然气工程制图标准》（SY/T 0003—2012）要求绘制。图纸基本幅面（及图框尺寸）有 A0（尺寸 841×1189）、A1（尺寸 594×841）、A2（尺寸 420×594）、A3（尺寸 297×420）和 A4（尺寸 210×297）等几种。图纸图幅必要时可加长，图纸加长幅面的尺寸应符合 SY/T 0003—2012 的要求。

（二）图纸比例

设计图纸比例一般根据图纸表达内容的多少和复杂程度选用，常用的设计图纸比例见表 2-14。

表 2-14　常用图纸比例系列

种类	比例
与实物相同	1:1
缩小的比例	(1:1.5)　1:2　(1:2.5)　(1:3)　1:4　1:5　(1:6) $1:1 \times 10^n$　$1:1.5 \times 10^n$　$1:2 \times 10^n$　$(1:2.5 \times 10^n)$　$(1:3 \times 10^n)$ $1:4 \times 10^n$　$1:5 \times 10^n$　$(1:6 \times 10^n)$
放大的比例	2:1　(2.5:1)　(4:1)　5:1　$1 \times 10^n:1$　$2 \times 10^n:1$　$(2.5 \times 10^n:1)$ $(4 \times 10^n:1)$　$5 \times 10^n:1$

注：①n 为正整数；② 括号内为不常用比例。

图中所用比例或主视图比例一般在图纸标题栏的比例栏内标注。与比例栏中比例不一致的视图，一般单独标注在视图名称的下方或右侧，每个视图都标注有比例的视图，在比例栏内注明为"见图"，无比例的图纸在比例栏或视图内标注"⌒"或"N.T.S"，如工艺流程图中一般均标注为"⌒"。

（三）图纸线条

图纸中图线的宽度分粗、中粗和细三种，三种线宽度比率一般为 2.8:12:11。例如在某 A2 图纸中，粗线的宽度一般为 0.7mm，中粗线宽度为 0.5mm，细线的宽度为 0.25mm。

（四）文字和书写

图纸中书写的汉字、数字、字母一般均采用正体书写。

表示数量的数字均采用阿拉伯数字书写，单位符号一般均标注在数字后面。

（五）图纸基本内容

图纸的基本内容包含：图框线、标题栏、会签栏、倒文件（档案）号栏及各种图形、表格、说明、图例、指北针等。

图纸图框的标题栏位于图纸右下角，图纸标题栏包含有如下内容（见图 2-16）：

①设计文件名称栏应分行表示出设计文件的区域、单元、专业单体及图纸的名称，较小的项目可以省略区域或单元等名称。

（徽标）	设计单位名称			
设计证书编号			勘察证书编号	
制图	（签署）	项目名称（仪征–长岭原油管道工程）		
设计				
校对				
审核		区域单元名称（仪征输油站）		
审定		图纸名称（输油泵区工艺管道安装图）		
批准				
	阶段	施工图	CADD号	DWG–0100储01–08–000.DWG
	比例	1：200	文件号	DWG–0100储01–08
	日期	2004.11.05	项目号	HDGS–DD09103　0　版

图 2-16　图纸标题栏包含内容格式

②阶段栏填写设计项目的设计阶段：可研、初步设计（基础设计）、施工图（详细设计）等。

常用项目设计阶段代码见表 2-15。

表 2-15　常用项目设计阶段代码

项目设计阶段	中文代码	英文代码	英文名称
总体规划	规	PP	Programming phase
预可行性研究	预	BF	Beforehand feasibility study phase
可行性研究	可	FS	Feasibility study
方案设计/概念设计	方	CD	Concept design
初步设计/基本设计	初	BD	Basic design
施工图设计/详细设计	施	DD	Detailed design
竣工图编制	竣	AB	As-built drawings

③比例栏填写主要图的比例，无比例的图填写"〜"，多比例的组合图填写"见图"，如工艺流程图中一般为无比例。

④日期栏填写设计文件的完成日期。

⑤项目号栏填写设计项目的项目号。项目号为设计单位为其开展设计项目安排的内部编号，工程项目号应具有唯一性。

⑥文件号栏填写设计文件的文件号。文件号为按照一定的模式对每个设计文件（图纸）编写的文件代号。

文件号一般由区域顺序号、单元顺序号、专业代码、专业单体顺序号、文件分类代码、文件顺序号和连字符组成。文件号的编制格式如图 2-17 所示。

区域顺序号、单元顺序号、专业单体顺序号及文件顺序号表示各文件的编制顺序，使用 00~99 之间的任意两位数字组成。文件分类代码表示文件的类型，常用文件分类代码见表 2-16。

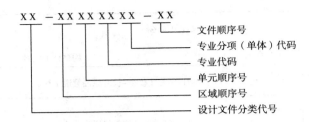

图 2-17　文件号的编制格式

表 2-16　常用文件分类代码

文件名称	中文代码	英文代码	文件名称	中文代码	英文代码
专业单体目录	目	DL1	图纸	图	DWG
专业目录	专目	DL2	专篇	专	SEC
单元目录	单目	DL3	请购书	购	RFP
区域目录	区目	DL4	设计变更单	变	DCR
总目录	总目	DL5	标准符号表	符	SBL
说明书	明	SPC	资料文件	资	INF
规格书	规	SPE	技术手册	手	MAU
数据表	数	DDS	概（预）算表	概（预）	BUG
计算书	算	CAL	通用报告	报	RPT
设备表	设	EQL	其他表格	表	TAB
材料表	料	BML	会议纪要	纪要	MMT

专业代码表示文件所属专业，常用专业代码见表 2-17。

表 2-17　常用专业代码

专业名称	中文代码	英文代码	专业名称	中文代码	英文代码
总图	总	GL	暖通	暖	HV
规划	规	GM	防腐	腐	CC
储运工艺	储	SP	阴保	阴	CP
燃气工艺	燃	FP	热工	热	TE
配管	管	PI	加热炉	炉	FU
材料和应力	力	MS	机械	制	MA
长输线路	线	PL	建筑	建	AR
静设备	静	SE	结构	结	ST
动设备	动	RE	线路穿（跨）越	越	CR
给排水	水	WS	水工保护	保	WE
消防	消	FF	地质	地	GE
电气	电	EL	测量	测	TS
仪控	仪	IN	经济	经	EE
通信	信	CO	环保	环	EA

⑦CADD 号为电子设计文件的电子文件名。CADD 号一般由项目号、文件号、分段文件页码、文件版次和文件扩展名组成，具体编制格式见《石油地面工程设计文件编制规程》（SY/T 0009—2012）。文件扩展名一般由所使用的计算机软件自动生成。

⑧版次为区分前后出版的同一设计文件而采用的有一定规律的符号，如 A、B、C，1、2、3、…、0 等，一般 0 版为最终施工版。

二、管路安装图的识读

（一）图面布置

管路安装图的图面一般应包括：各种安装图形（主视图、剖视图、详图等）、图表（设备表、材料表、数据表等）、说明、图例、指北针、标题栏、倒档案号栏、会签栏和分段标题栏等（见图 2-18）。

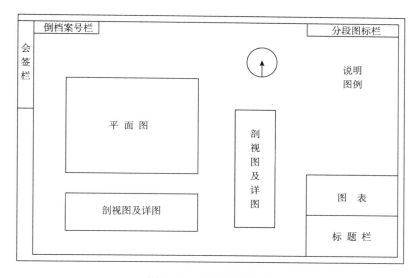

图 2-18　图面布置示例

（二）图纸线型含义

安装图中的图纸线型含义见表 2-18。

表 2-18　图纸线型含义

名　称		用　途
实线	粗	新建主要管道
	中粗	新建次要管道
	细	新建设备、仪表和建（构）筑物等
虚线	粗	新建不可见主要管道
	中粗	新建不可见次要管道
	细	已建管道、设施或不可见轮廓线

名　称		用　途
点划线		中心线、轴线
双点划线	粗	—
	细	图纸接续线或边界线
折断线		断开界线
波浪线		断开界线

（三）风玫瑰和方向针

总平面图或需要标明建筑方位的其他平面图，图中会标明当地常年风向频率玫瑰图或建筑方位简化图（见图 2-19）。若建北方向与测北方向有夹角，则应在图纸中标出夹角度数。

一般平面图或单体安装图中使用的是指北针（见图 2-20），其中箭头所指方向为建北方向。建北方向宜向上或向右。

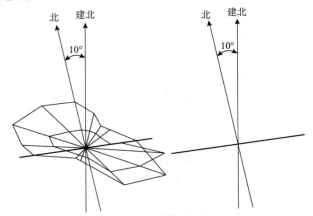

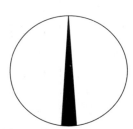

图 2-19　风向频率玫瑰图及建筑方位简图示例　　　　图 2-20　指北针图示例

（四）标高及尺寸标注

1. 标高

标高应用标高符号或英文代号加上数字进行表示。

设计图上的标高符号一般符合表 2-19 的规定。

表 2-19　标高符号

项目	符号	英文代号
一般标高	▽	EL
中心标高	▼	C EL
顶部标高	▼	T EL
底部标高	▼	B EL
总平面图室外标高	▼	

标高符号的尖端，应指至被注的高度或引出线上；尖端可向上，也可向下。

轴测图中的标高符号为实心箭头，指向标注位置，如图 2-21 所示。

图 2-21 标高的指向示例

标高的数字一般以 m 为单位，宜注写到小数点后二位，在轴测图中应以 mm 为单位。

设计图中的零点标高位置注写有"±0.00"，正数标高不标注"+"，负数标高应标注"-"。

若无特殊说明，设计图中的标高一般为：管网安装图宜采用绝对标高，单体安装图宜采用相对标高。工艺安装图中的标高应与土建专业图纸标注一致，若采用相对标高，应指出零点相对于绝对标高的高度。

管线标高一般均采用管底或管中心标高，与设备开口接管可用管中心标高。

2. 尺寸标注

图纸中的尺寸标注包括尺寸界线、尺寸线、尺寸起止符号和尺寸数字。

图纸中尺寸的计量单位，除特殊说明，一般为：线路长度单位为 km，标高、坐标单位为 m，其余均为 mm，以 mm 为计量单位时不需再注明单位。

一般设备利用其中心线来表示其位置，对于泵等动力机械设备用其本体中心线或基础一端边线标注尺寸。当设备中心线与基础中心线不一致时，图上只标注设备中心线位置。管线、设备与建（构）筑物的相对位置标注一般从建（构）筑物的中心线或边框线算起，图中的建（构）筑物应绘出墙壁、门、窗、柱的中心线及边框线，剖视图应表示出墙及设备基础。尺寸标注样式如图 2-22 所示。

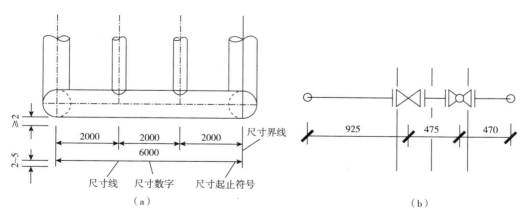

图 2-22 尺寸标注样式

尺寸数字宜注写在图样轮廓线以外，不应与图线、剖面线、文字及符号等相交，不可避免时，应将尺寸数字处的图线断开。

尺寸线应避免交叉，并尽量避免穿过设备和建、构筑物。

同一单体图中，多台同型号设备之间管线布置相同时（如泵房、炉区等），只注明一台的安装尺寸。

安装图中的止回阀和截止阀以及对介质流向有要求的设备均应标注流向。

角度、弧长、弦长标注样式如图2-23所示。

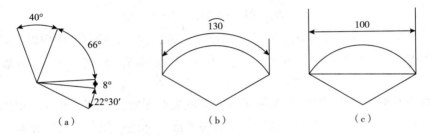

图2-23　角度、弧长和弦长尺寸标注

标注圆的半径时，半径数字前加注半径符号"R"，半径的标注样式如图2-24所示。

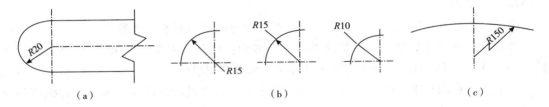

图2-24　半径标注样式

标注圆的直径时，应在数字前加注直径符号"ϕ"。常见直径标注方式如图2-25所示。

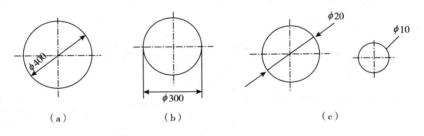

图2-25　直径标注样式

坡度标注时，坡度数字下方代表的坡度符号，其箭头应指向下坡方向，如图2-26所示。

（五）视图和详图

管路安装图主要采用正投影的方式绘制。

当需要表示管道、设备的某一部分或某一方面的布置或轮廓时，可用视图表示。视图应画出管道、设备的可见部分，必要时才画出其不可见部分。视图符号一般用大写正体字

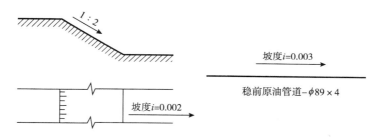

图 2−26　坡度标注样式

母或正体阿拉伯数字，注写在视图投影方向线的顶部或侧面。

1. 剖视图和剖（断）面图

①用假想平面将物体分开，将处于观察者和剖切平面之间的部分移去，而将其余部分向投影面投影所得到的图形为剖视图。剖视图内除应画出剖（断）面图形外，还应画出沿投影方向看到的部分。

②用假想剖切平面将物体剖开，仅画出剖切面切到处的图形为剖（断）面图。剖视图和剖（断）面图示例如图 2−27 所示。

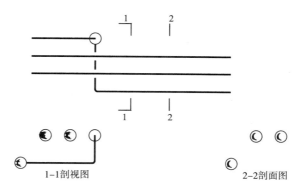

图 2−27　剖视图和剖（断）面图示例

根据视图需要，可将两个或两个以上平行或相交的剖切面剖视，如图 2−28 和图 2−29 所示。

图 2−28　两个平行剖切面剖示　　　　图 2−29　两个相交剖切面剖示

2. 分层剖切剖面图和局部剖视图

分层剖切剖面图是指按层次以波浪线将各层分层绘制而成的视图，波浪线不应与任何图线重合，如图2-30所示。局部剖视图是用剖切平面局部地剖开物体所得的视图，如图2-31所示。

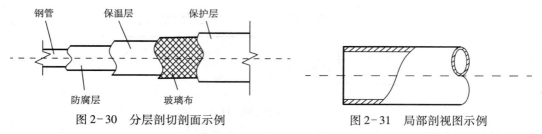

图2-30　分层剖切剖面示例　　　　图2-31　局部剖视图示例

3. 局部放大图（详图）

将管线或设备的部分结构、节点用大于原图形所采用的比例画出的图形为局部放大图（见图2-32）。局部放大图可以画成视图、剖视图、剖（断）面图，宜画在被放大原图的同一张图纸上，否则应注明所在图的图号。

需放大部位用细实线画的圆或方框圈出，圆上引出标注线的延长线宜通过圆心，顺序编号用大写正体字母或正体阿拉伯数字标注在引出线上。

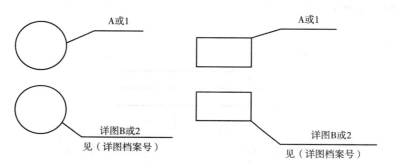

图2-32　局部放大图示例

（六）管道标注

①工艺施工流程图主要标注管道规格、输送介质、流向，安装图还应标注标高。

②工艺管道安装图中管道标注内容及方式如图2-33所示。

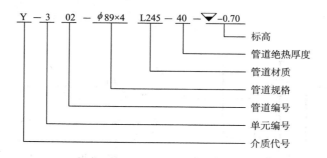

图2-33　管道标注内容示例

——介质代号：输送介质的汉语拼音或英文代号；常用管道输送介质代号见表2-20。

——单元编号：按项目内容划分编排，用数字表示；当无单元划分时，可不要单元号。

——管道规格：管道外径和壁厚，表示为"φ 外径数值（mm）×壁厚数值（mm）"或"D 外径数值（mm）×壁厚数值（mm）"，不需表示管壁厚度的管材管径用公称直径 DN 表示，如 DN400；当工艺管道为夹层套管时，应表示内管、外管直径，并用斜线分开，内管在前、外管在后，如 D89×4/D159×5。

——管道材质：管道材质号，如 20#、L360。

——管道绝热厚度：绝热层厚度，用数字（mm）表示。

——管道标高：用标高符号或简化英文代号加阿拉伯数字标注。

③对于较简单工艺管道安装图，标注内容可采用简化的标注方式（见图 2-34）。

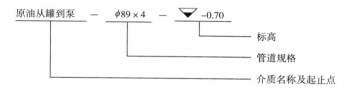

图 2-34　简单管道标注示例

——介质及起止点：用汉字书写。

④管道标注样式示例如图 2-35 所示。

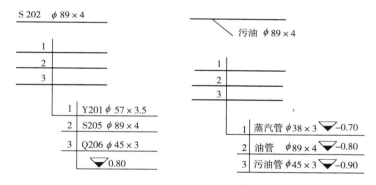

图 2-35　管道标注示例

与外专业相连管道，一般在管道标注内容附近标注有关图纸的图号。

表 2-20　常用管道输送介质代号

序号	中文名称	英文代号	序号	中文名称	英文代号
1	原油	CR	7	放空气	VG
2	天然气	NG	8	尾气	TG
3	液化石油气	LPG	9	仪表风	IA
4	液化天然气	LNG	10	公用风	UA
5	凝析油	CO	11	二氧化碳	CO2
6	污油水	OW	12	润滑油	LO

续表

序号	中文名称	英文代号	序号	中文名称	英文代号
13	氮气	N2	25	原水	RW
14	制冷剂	RE	26	泡沫混合液	FS
15	密封油	SO	27	泡沫浓缩液	FC
16	循环水（供）	RWS	28	雨水	RD
17	循环水（回）	RWR	29	初期雨水	FRD
18	生产污水	PD	30	热水（供）	HWS
19	生活污水	SD	31	热水（回）	HWR
20	消防给水	FW	32	蒸汽	ST
21	生产给水	PW	33	蒸汽凝结水	SC
22	生活给水	DW	34	热媒（供）	HMS
23	含油污水	OD	35	热媒（回）	HMR
24	处理后含油污水	TOD			

（七）设备、仪表标注

工艺管道安装图中设备、仪表标注内容及方式如图2-36所示。

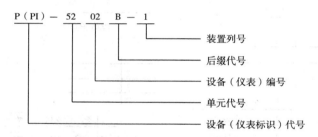

图2-36 设备（仪表）标注示例

——设备（仪表标识）代号：设备（仪表）名称的中文或英文代号，见表2-21。

——单元代号：按项目内容划分编排，用数字表示；当无单元划分时，可不要单元号。

——设备（仪表）编号：本单元中设备（仪表）的序号，用数字表示，常见设备（仪表）单体编号规则见表2-20。

——后缀代号：同一组相同型号设备的序号，用大写英文字母表示，单个设备可省略此项。

——装置列号：分列布置的装置中的列序号，用阿拉伯数字表示，单列装置省略此项。

表 2-21　常用设备代码

序号	中文名称	中文代号	英文代号	序号	中文名称	中文代号	英文代号
1	泵	B	P	24	起重设备		L
2	压缩机	J	C	25	撬装设备		PE
3	加热炉	L	H	26	阀门		V
4	换热器	H	E	27	体积管	TJ	
5	空气冷却器	LQ	AC	28	流量		F
6	塔类	T	TW	29	流量计	LL	FM
7	容器	R	D	30	流量开关		FS
8	储罐	G	TA	31	液位计		LG
9	池	C	PD	32	温度	T	T
10	管汇		M	33	温度计		TG
11	限流孔板		RO	34	温度指示		TI、TT
12	过滤器	GL	F	35	压力	P	P
13	消气器	XQ		36	压力表		PG
14	搅拌器	JB		37	压力指示		PI、PT
15	阻火器	ZH	FA	38	差压指示		PDI、PDT
16	绝缘法兰	JY	IF	39	电动机		M
17	绝缘接头	JY	IJ	40	汽动		T
18	清管器发送筒	F	PL	41	燃气轮机		G
19	清管器接收筒	S	PR	42	柴油机		D
20	清管器转球筒	SF		43	电磁		S
21	清管指示器	Z	YS	44	电液		E/H
22	火炬	HJ	FL	45	气液		P/H
23	放空管		BS				

其他仪表功能字母及字母组合见《石油天然气工程制图标准》（SY/T 0003—2012）附录 B。

三、工艺流程图的识读和绘制

输油管道工艺流程图是工艺设计的关键文件，同时也是指导输油生产过程的技术工具。它以形象的图形、符号、代号，表示出工艺过程选用的设备、管路、附件和仪表等的排列及连接，工艺流程图是管道、仪表、设备设计和装置布置专业的设计基础，也是操作运行及检修维护的指南。

在生产实际中我们经常能见到的表述流程的工艺图纸一般有两种，也就是大家所知道的 PFD 和 P&ID。PFD 实际上是英文单词的词头缩写，全称为 Process Flow Diagram，翻译成中文就是"工艺流程图"的意思。而 P&ID 的英文单词全称为 Piping and Instrumentation Diagram，翻译过来就是"工艺管道及仪表流程图"，P&ID 图纸中基本上包含了实际管路安装中的所有的管件、阀门、仪表控制点以及控制逻辑等，比 PFD 图纸表述更全面。

（一）工艺流程图主要内容

不管是哪一类工艺流程图，里面的内容大体上包括图形、标注、图例、标题栏等四部分。具体内容如下：

（1）图形：将全部工艺设备按简单形式展开在同一平面上，再配以连接的主、辅管线及管件、阀门、仪表控制点等符号。

（2）标注：主要注写设备位号及名称、管段编号、控制点代号、流向等。

（3）图例：为代号、符号及其他标注说明。

（4）标题栏：注写图名、图号、设计阶段等。

输油管道站库典型工艺流程图示例如图 2-37 所示。

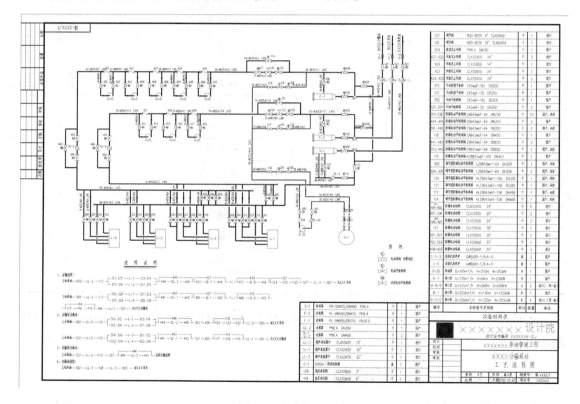

图 2-37　典型站场工艺流程示意图

工艺流程图的识读，首先应根据标题栏、图例和说明等，从中掌握所读图纸的名称、各种图形符号、代号的含义等，了解图中的内容所要表达的含义；然后在掌握设备的名称和代号、数量的基础上，了解主要工艺流程线，按箭头方向逐一找出输送介质所通过的设备、控制点和经每台设备后的参数变化等；最后了解其他辅助流程线，如排污线、燃油线、蒸汽线、水线、仪表风等。

（二）流程图线含义

工艺流程图的图线线型也应符合表 2-18 中的线型规格和要求。

输油站场的新建主要工艺管线用粗实线表示，新建次要管线（水、气、燃料油、排污等管线）用中粗线表示，设备轮廓线、仪表控制线等辅助管线以及站场原有管线用细实线表示，预留和拟规划管线用虚线表示。

部分设计单位也采用虚线表示已建原有管线，具体见图例说明。

（三）工艺流程图的绘制

工程设计时需绘制相应的工艺流程图，不同设计阶段对工艺流程图的深度要求不同。可行性研究等前期设计及初步设计阶段，需绘制输油系统的原理流程图，反映输油系统操作、主要设备、阀门及管路间的联系。施工图设计时需绘制工艺安装流程图，用以指导施工图设计及输油管道施工、投产及运行管理；它应反映整个工艺系统，包括输油及辅助系统在内。

绘制工艺安装流程图时，可采用将各种工艺设备按平面布置的大体位置布置好，然后按输油生产工艺及辅助系统的工艺要求，用规定的绘图标准，将管线、管件、设备、阀门等连接起来。

工艺（控制）流程图一般可不按比例绘制，图中的设备大小应有相对概念，设备的相对位置仅代表该设备与其他设备之间的相互关系，管线中的介质应用箭头表示其流向。

流程图上应注明管道及设备编号，附有流程的操作说明、管道说明（管径、输送介质、材质等）、设备及主要阀门规格表。

分步绘制的流程图，对同一设备及阀门的编号应与总流程图一致，对全站的设备及阀门编号应统筹考虑，以避免出现同一设备其标号不同，或不同设备（或阀门）重复同一编号。各站场重要的机泵、阀门等应有固定统一的编号。

在满足生产运行要求情况下，流程应尽量简单，尽可能少用阀门和管件，管线应尽量短、直、整齐。

（四）流程图中设备的表示方法

工艺流程图中的各类阀门、输油泵等各类设备均要按照规定的图例在相应处画出，设备轮廓线用细实线表示，设备的大小要适中，间距要适当，排列整齐。

图中主要阀门和设备均要按照统一的规定进行编号，一般设备的编号代码要求见表 2-21。工艺流程图中标注数量最多的为各类阀门，阀门编号混乱容易造成运行管理困难，故阀门的编号宜按统一的规律编号，常用的阀门宜采用表 2-22 的原则进行编号。

表 2-22　常用阀门分单体编号表

单体名称	单体编号	阀门编号范围
进、出站阀组	1	101～199
罐区	2	201～299

续表

单体名称	单体编号	阀门编号范围
加热炉区	3	301~399
泵（房）区	4	401~499
计量间	5	501~599
导热油系统	6	601~699
供热系统	7	701~799
第二动力供油系统	8	801~899

流程图中的设备都标注设备位号和名称，设备位号一般标注在两个地方。第一是在设备内或靠近设备旁，此处仅标注设备位号，不标注名称，一般设备顺序号为按流程顺序排列。第二是在设备材料表中，设备材料表中除注明设备位号外，还注明设备的名称、规格、数量及技术参数等，一般设备材料表中的设备是按设备的名称、规格（压力温度等级、口径等）等依次排序，先是主要设备，再是次要设备、非标设备等。

流程图中设备的标注方法和内容如图 2-38 所示，阀门的标注方法如图 2-39 所示。

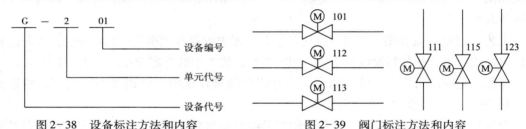

图 2-38　设备标注方法和内容　　　　图 2-39　阀门标注方法和内容

流程图中所有的设备符号应在图例中有说明，常用设备图例一般按照 SY/T 0003—2012 的要求绘制。

（五）管线的画法及标注

流程图中的每条管线要注明介质名称或代号（所有管线均为同一流体介质时可省略）、管径及油品流向等。管线的起止处要注明流体的来龙去脉。

工艺流程图中管线的标注方式同工艺安装图的标注方式一致（见图 2-35 等），不同的设计阶段图纸标注的详细程度不同，如前期阶段管线规格仅需标注公称直径（DN 管径）即可，初步设计和施工图设计则需标注 ϕ 直径×壁厚、管道材质等。初步设计及之后阶段的工艺流程图在管道规格前，尚应标明管标号，作为管道规格特性的索引代号，并将管道的具体特性在管段表（或管道特性表）中详细列出。

含管标号的管道规格标注方式如图 2-40 所示。

——管标号：管道索引排列序号，用阿拉伯数字表示。

图 2-40　管线标注

流程图中管道的接续宜用流程连续号表示，内容及要求如图 2-41 所示。

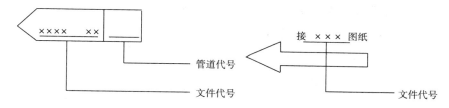

图 2-41　流程接续号格式

——文件代号：可由图纸的文件号表示。

——管道代号：可由管道标注中的部分属性（如管标号）或汉字表示。

工艺流程图中的管内介质流向均用箭头在管线上标出，有流向要求的设备（如输油泵、过滤器、止回阀等）也应在设备的进出口管线上或设备旁边用箭头标示。

施工图设计流程图中，应绘出辅助管线系统（如燃料油、污油、蒸汽、凝结水、热水、压缩空气等）的干线及主要支管，标注出管径并注明引至何处（或何单体）。伴热用管线一般可不绘出。对于方案设计、可行性研究和初步设计流程图，可以不绘出辅助系统流程图。

工艺流程图中应避免管线与管线、管线与设备间发生重叠。若管线在图上发生交叉而实际上并不相碰时，应采用其中一管线断开或采用半圆线，一般应采用横线不断、纵线断，主线不断、次要管线断的原则，当然也可按实际情况处理，在同一张图上，只要采用一致的断线方法即可。

流程图中新旧管线连接处，若为法兰连接，宜画出法兰符号；若为焊接且需动火，则需标注其动火点。

工艺流程图中管线、管件的画法一般按照 SY/T 0003—2012 的图例要求绘制。

（六）流程说明和设备材料表

一张完整的工艺流程图纸除上述内容外，还应附有流程操作说明、设备材料表等。

工艺流程图中应有流程说明，一般为正常生产工艺流程、辅助工艺流程、事故或其他状态工艺流程、投产试运工艺流程等。流程说明的深度可按设计阶段的不同而异。如方案设计及可行性研究可以只列出操作流程的种类；初步设计或施工图设计，则需列出操作流程的较详细或详细的流程顺序。

流程图中应有设备（材料）一览表，图中的各种设备、主要材料等均应在一览表中对应列出。设备应标明设备名称、规格型号、数量和单位等。表中设备的排列顺序自下而上为机泵、油罐、炉、非标设备、阀门等，同类设备按规格型号的大小排序。必要时须在设备栏内注明设备的图纸档案号。

四、站场标识

为便于生产操作、站场管理和检修，减少误操作，输油管道站场中的各种设备、管线按照统一的要求进行涂色和标志。

站场标识主要有设备和管线表面涂色、挂标识牌等几种。设备与管道表面涂色一般按

《油气田地面管线和设备涂色规范》（SY/T 0043—2006）执行。

（一）地面管线和设备涂色规定

站场地面管线和设备涂色应符合表2-23的要求。

表2-23　地面管线和设备涂色要求

序号	名　称	颜　色	备　注
一	地面管线		
1	原油管线	中灰	
2	轻质油管线	银白	
3	污油管线	黑	
4	蒸汽、热水管线	银白	包括导热油等供热管线
5	氧气、压缩空气管线	天酞蓝	
6	氮气管线	淡棕	
7	安全放空管线	大红	
8	水管线	艳绿	包括给水、注水、循环冷却水、消防水、饮用水、低矿化度清水管线
9	污水管线	紫棕	包括排水管线、含油污水管线
10	消防泡沫液管线	大红	
二	容器和塔器		
1	原油罐	银白或中灰	包括缓冲罐、事故储罐、沉降罐、含水油罐等
2	轻质油罐	银白	
3	液化石油气罐	银白	包括液化天然气罐
4	压缩空气罐	天酞蓝	
5	氮气罐	淡棕	
6	水罐	艳绿	包括消防水罐、注水罐、污水罐。若为保温水罐，宜保持保护层本色，但应在顶部涂刷一圈艳绿色色环
7	消防泡沫液罐	大红	
8	塔器	银白	
三	其他机械、设备		
1	机泵	海灰或艳绿	也可保持出厂色
2	过滤器	中灰/油、艳绿/水、中黄/气	
3	冷换设备	银白或中灰	
4	加热炉、锅炉	银白	
5	烟囱、火炬	黑色或银白色	
6	抽油机、螺杆泵	保持出厂色	

续表

序号	名　称	颜　色	备　注
7	电气、仪表设备	海灰或艳绿	也可保持出厂色
8	消防设备	大红	包括安全阀等
9	其他阀门和设备	中灰	也可保持出厂色
10	阀门手轮	淡酞蓝	
四	辅助操作设备		
1	管道支吊架、操作平台、梯子、铺板、电缆桥架	中灰或蓝灰	同一区域保持一致
2	梯子第一级和最后一级踏步前沿	淡黄	
3	防护栏杆、扶手	淡黄	也可采用不锈钢材料，维持原色

站场保温管线、保温容器和塔器宜保持保护层本色，但应按表2－23中的要求，涂刷标志色环，色环宽度为150mm。

不锈钢容器、不锈钢管线、电镀管线、表面镀锌管线及非金属管道表面宜保持原材料本色或保护色本色，但也应涂刷所规定的标志。

（二）标志和色环规定

管线及其分支、设备进出口处和跨越装置边界处应涂刷字样和箭头。当介质有双向流动时，应采用双箭头表示。

标志色一般为大红色。当管线、设备表面色为大红色时，标志色宜采用白色。标志字体一般应为印刷体，位置尺寸适宜，排列规整。

字样表示应采用下列方法之一：①介质中文名称；②介质英文名称、缩写或代号；③管号。

机械、设备标志的设置应采用位号或中文名称加位号表示，标志应刷在设备主视方向一侧的醒目位置或基础上。

管线色环应在管内介质改变流向的地方（如分支处、调节阀、止回阀处）或管线穿越墙壁、楼板的地方，以及装置边界线处涂刷。

在同一区域内，不同介质类别的管线涂同种颜色时，应按上述规定的位置涂刷宽度为150mm的色环，必要时以涂刷介质名称字样加以区别。

压力管线的色环用黄色与黑色间隔斜条，其作法应符合表2－24的规定。

表2－24　流体压力等级标志

设计压力等级/MPa	色环标志及宽度/mm
$1.6 \leqslant p < 6.3$	

续表

设计压力等级/MPa	色环标志及宽度/mm
≥6.3	 100 100 100

常见站场管线和设备标志示例如图 2-42 所示。

图 2-42　管线流向及色环标记

第五节　其他输送介质简介

一、成品油

成品油是通过原油开采出来后经过加工、符合一定的质量标准，才可以向外供应的合格石油产品，它包括汽油、柴油和航空煤油等。根据《成品油市场管理办法》对于成品油的有关定义是：汽油、煤油和柴油以及别的与国家产品质量标准相符，拥有同样的用途的生物柴油及乙醇汽油这样的替代燃料。

（一）汽油

成品油中消耗量最大的当属汽油，应用的范围最广。根据来源的不同，汽油的分类也不同，主要有催化裂化汽油、芳构化汽油以及醚化汽油等许多种类。

汽油的相关物性如下：

外观与性状：常温下为无色至淡黄色的易流动液体。

沸点：30~205℃。

密度：0.70~0.78g/cm^3。

溶解性：不溶于水，溶于多数有机溶剂。

黏度：常见设计温度下，汽油的黏度范围为 0.5~0.8mPa·s。

燃烧性：易燃，空气中含量为 74~123g/m^3 时遇火爆炸。

爆炸极限：汽油在空气中的爆炸极限为 1.4%~7.6%。

蒸发性能：汽油的蒸发性能主要用馏程和蒸气压2个质量指标来评定。汽油的初馏点和10%馏出温度，表明汽油中轻组分的含量，直接影响冬季发动机的冷启动和夏季发动机中气阻的产生。蒸气压指汽油蒸发达到平衡后汽油蒸气对容器壁产生的压力，蒸气压可用来判断气阻的大小。一般来说，汽油中轻组分越多则蒸气压越大，若汽油初馏点以及10%馏出温度过低，则汽油产生气阻的概率就大。我国汽油质量标准规定车用汽油的10%馏出温度不得高于70℃，航空汽油规定不得高于80℃。

辛烷值是汽油的一个重要指标，车用汽油的抗爆性用辛烷值来表示，辛烷值越高，抗爆性越好。一些国家引用抗爆指数（ONI）这一指标来表示汽油抗爆性能。抗爆指数等于马达法辛烷值和研究法辛烷值的平均值。我国车用汽油以研究法辛烷值和抗爆指数作为抗爆性指标。

我国油品质量标准分为国家标准（代号为GB）、行业标准（代号为SH、SY等）、企业标准（代号为Q）3个等级。目前我国生产的汽油机燃料主要有航空活塞式发动机燃料（GB 1787—2008）、车用汽油（GB 17930—2016）2大类。

（二）柴油

我国生产的柴油分为轻柴油、车用柴油、重柴油、农用柴油和军用柴油。通常根据柴油机转速和类型选用不同的柴油作为燃料。转速大于1000r/min的高速柴油机以轻柴油为燃料，车用柴油机以车用柴油为燃料，中速、低速柴油机以重柴油为燃料，拖拉机以农用柴油为燃料，军事装备柴油机以军用柴油、轻柴油和车用柴油为燃料。轻柴油按凝点划分为10号、5号、0号、−10号、−20号、−35号、−50号7个品种，其凝点分别不高于10℃、5℃、0℃、−10℃、−20℃、−35℃、−50℃。10号轻柴油适用于夏季，0号轻柴油适用于全国各地区4~9月份以及长江以南地区冬季使用，−10号轻柴油适用于长城以南地区冬季和长江以南少数地区严冬季节使用，−20号轻柴油适用于长城以北和西北地区冬季以及长城以南黄河以北地区严冬使用，−35号轻柴油适用于东北和西北地区严冬季节使用。

柴油的物性如下：

外观与性状：稍有黏性的棕色液体。

沸点：轻柴油沸点为180~370℃，重柴油沸点为350~410℃。

密度：0.82~0.87 g/cm^3。

溶解性：不溶于水，溶于多数有机溶剂。

蒸发性能：柴油的蒸发性主要用馏程和闭口闪点来评定。

闪点：柴油闪点既是控制柴油蒸发性的项目，也是保证柴油安定性的项目。一般认为轻质燃料在储运时，其闪点高于35℃就是安全的。10、5、0、−10、−20号柴油的闭口闪点不低于55℃，−35和−50号柴油不低于45℃。

因为柴油的馏程要求只规定柴油馏分组成不能太重，以保证柴油的蒸发性能，但并未规定馏分不能过轻的界限温度，为了控制柴油蒸发性不要太强，因此对闪点进行了规定。闪点过低的柴油，蒸发损失大，储存和使用中安全性能差，所以闪点是确保柴油安全的质量指标。

黏度：常见设计温度下，柴油的黏度范围为 $3 \sim 5$ mPa·s。

燃烧性：易燃。十六烷值是表示柴油在发动机中着火和燃烧性能的重要指标。柴油的十六烷值直接影响燃料在柴油机中的燃烧过程。通常车用柴油的十六烷值应在 $45 \sim 60$ 范围内。

爆炸极限：$0.6\% \sim 7.5\%$。

（三）管道输送特点

与原油管道相比，成品油顺序输送管道有以下特点：

①成品油管道输送的是直接进入市场的最终产品，对所输产品的质量和各种油品沿途的分输量均有严格要求。

②成品油管道依托市场生存，要能适应市场的变化。成品油管道一般都是多品种顺序输送，其可输送的油品范围很宽，从轻烃到重燃料油均可由一条管道顺序输送，油品的更迭会影响运行工况。另外，输油量和油品种类还随季节变化及管道所处的地域不同，变化的幅度也不一样。因此在管道建设和运行时必须考虑尽可能地适应市场的需要，当然也要保证管道的效益。

③成品油的管道大都是多分支、多出口，以方便向管道沿线及附近的城市供油。在分输站上可以有支线管道将油品输往较远的城市，也可能有与铁路、公路或水路联运的枢纽站。有的管道还可能有多个入口（注入站），接收多家炼油厂的来油。管道沿线任何一处分输或注入后，其下游流量就会发生变化。成品油管道可顺序输送油品达几十种，其注油和卸油均受货主和市场的限制，运行调度难度大。为了满足沿线市场的要求，管道设计和运行管理中必须控制管道各时段沿线的分输量和管输量，以保证管道安全平稳地运行。

④成品油管道输送的相邻批次油品之间必然会产生混油，对混油段的跟踪和混油量的控制是成品油管道运行的关键技术。特别是在地形复杂、高差起伏大的地区建设投运的成品油管道，其混油特性、工艺过程控制及运行管理更为复杂。管道输送混油回掺处理主要控制汽油的终馏点和柴油的闪点。

⑤与原油管道相比，成品油管道需要足够容量的油罐进行油品的收、发作业。其首、末站及分输、注入站需要的罐容量大、数量多。末站除了收、发油作业外，还要考虑到油品的调和、混油的存储和处理等作业。

二、石脑油

石脑油是石油产品之一，又叫化工轻油、粗汽油，英文名称 Naphtha。石脑油是一种轻质油品，在常温、常压下为无色透明或微黄色液体，一般由原油蒸馏或石油二次加工切取相应馏分而得。其沸点范围依需要而定，通常为较宽的馏程，如 $30 \sim 220℃$。石脑油成分为 $C_4 \sim C_{12}$ 的烷烃、环烷烃、芳香烃、烯烃。石脑油是馏分轻、烷烃和环烷烃含量高、安定性能好、重金属含量低、硫含量低、毒性较小的石油产品。

石脑油的分类：

（1）按照种类划分

按照种类来分，一般石脑油可分为轻石脑油、重石脑油。轻石脑油的馏程为 30～90℃，重石脑油的馏程是 80～180℃。

（2）按照加工装置划分

按照加工装置来分，一般石脑油可分为直馏石脑油、二次加工装置石脑油。直馏石脑油一般是常减压装置的常压塔顶和初馏压塔顶得到的石脑油，而二次加工装置的石脑油有加氢石脑油、焦化石脑油以及重整拔头油等。

（一）物性

石脑油在常温、常压下为无色透明或微黄色液体，有特殊气味，不溶于水，溶于多数有机溶剂。其烷烃含量不超过 60%，芳烃含量不超过 12%，烯烃含量不大于 1.0%。具体相关物性如下：

外观与性状：无色或浅黄色液体，有特殊气味。

密度：$650～750kg/m^3$。

熔点：< -72℃。

溶解性：不溶于水，溶于多数有机溶剂。

沸点：20～160℃。

闪点：< -2℃。

燃烧性：易燃。

燃烧分解物：一氧化碳、二氧化碳。

引燃温度：350℃。

爆炸上限（体积分数）：8.7%。

爆炸下限（体积分数）：1.1%。

危险特性：其蒸气与空气可形成爆炸性混合物；在遇到明火、高热时，能引起燃烧爆炸；与氧化剂能发生强烈反应；其蒸气比空气重，能在地势较低处扩散到相当远的地方，遇到明火还会引着回燃。

（二）管道输送特点

石脑油挥发性较强，饱和蒸气压力大，容易导致输油泵抽空发生汽蚀造成对输油泵的损伤，因此在管道输送时应注意输油泵的选型，严格控制输油泵的必须汽蚀余量。

石脑油管线上需要进行动火施工时，鉴于石脑油爆炸极限是 1.1%～8.7%（体积分数），动火标准为爆炸下限的 0.1 倍（即 0.11%），工艺处理困难，合格指标比较苛刻。对管线进行恰当的前期工艺处理使之达到或者符合动火作业要求就是必须要面对的问题。

三、天然气

天然气是一种主要由甲烷组成的气态化石燃料，它主要存在于油田和天然气田，也有少量出于煤层。表 2-25 为几种天然气的典型组成。由表中可以看出天然气的主要成分为较轻的烷烃，C_6 和 C_6^+ 的组分极少。天然气中常含有饱和量的水蒸气，可能含有一些其他

气体如 N_2、H_e、H_2、O_2、Ar（氩）和酸性气体 H_2S、CO_2 等，还可能含有硫醇等硫化物。

表 2-25　几种天然气组成

组成	天然气	天然气	凝析气	伴生气
N_2	0.51	4.85	—	—
CO_2	0.67	0.24	0.47	—
C_1	91.94	83.74	82.13	59.04
C_2	3.11	5.68	6.37	10.42
C_3	1.26	3.47	4.09	15.12
$i-C_4$	0.37	0.30	0.50	2.39
$n-C_4$	0.34	1.01	1.85	7.33
$i-C_5$	0.18	0.18	0.55	2.00
$n-C_5$	0.11	0.19	0.67	1.72
C_6	0.16	0.09	1.03	1.18
C_7^+	1.35	0.25	2.34	0.80
合计	100	100	100	100
相对分子质量	172	115	114	—
相对密度	0.803	0.744	0.765	—

天然气可以按照压力-温度相特性、酸气含量及可回收液烃含量等进行分类。

1. 按相特性分类

按压力-温度相特性，天然气可分为：①干气，在气藏和地面压力温度条件下不产生液烃的天然气；②湿气，在气藏条件下没有液相，但在地面条件下气体内出现液烃；③凝析气，随着气藏开采压力下降，气藏内出现液烃；④伴生气，包括油藏的气顶气和溶解气。

2. 按酸气含量分类

世界上开采的天然气中约有 30% 含有 H_2S 和 CO_2，它们溶于水中称为酸性溶液，故称 H_2S 和 CO_2 为酸气。$H_2S > 1\%$ 和/或 $CO_2 > 2\%$ 的天然气称为酸性天然气，否则称为"甜"性天然气。工业上对 H_2S 给予更多的重视，常把含 H_2S 的天然气称为酸性天然气。

3. 按液烃含量分类

把天然气内除 C_1 或 $C_1 + C_2$ 外的其他较重组分看作潜在可回收的液体。按 1atm、15℃ 状态下 1m³ 天然气内可回收液体体积多少，把天然气分为贫气、富气和极富气三种。若将乙烷及重于乙烷的组分（C_2^+）看作可回收液体，则贫气 $< 0.3344L/m^3$；富气为 $0.3344 \sim 0.6688L/m^3$；极富气 $> 0.6688L/m^3$。也可将 C_3^+ 作为潜在可回收液体。

（一）物性

1. 密度

单位体积天然气的质量即为天然气的密度，用符号 ρ 表示。

$$\rho = \frac{m}{V} \qquad (2-46)$$

式中　m——天然气的质量，kg；

　　　V——天然气的体积，m^3。

在 101.325kPa、0℃ 的条件下，1kmol 任何气体的体积都等于 22.4m^3，因此任何气体在此标准状态下的密度均为：

$$\rho_0 = \frac{M}{22.4} \qquad (2-47)$$

气体的密度与压力、温度有关，在低温、高压下时，还与气体的压缩因子有关。气体在某压力、温度下的密度可表示为：

$$\rho = \frac{PM}{8.314ZT} \qquad (2-48)$$

式中　ρ——气体在任意压力、温度下的密度，kg/m^3；

　　　P——天然气的压力，kPa（绝）；

　　　M——天然气的相对分子质量；

　　　Z——天然气压缩系数；

　　　T——天然气绝对温度，K。

天然气的相对密度指的是在相同压力和温度下，天然气的密度与空气的密度之比，即 $\rho_{天}/\rho_{空}$，是一个无量纲数。

用符号 S 表示天然气的相对密度，有：

$$S = \frac{\rho_{天}}{\rho_{空}} = \frac{M_{天}}{M_{空}} \qquad (2-49)$$

式中　$\rho_{天}$，$M_{天}$——天然气的密度和相对分子质量；

　　　$\rho_{空}$，$M_{空}$——空气的密度和相对分子质量。

空气的密度：

$$\rho_{空} = 1.293kg/m^3 （0℃、101.325kPa）$$

$$\rho_{空} = 1.205kg/m^3 （20℃、101.325kPa）$$

天然气的相对密度可由式（2-49）求得，在已知天然气的相对密度时，也常用来求天然气的相对分子质量或密度等。

天然气的相对密度一般在 0.58 ~ 0.62 之间，石油伴生气的相对密度在 0.7 ~ 0.85 之间，个别含重烃多的油田气的相对密度也有大于 1 的。

2. 黏度

天然气黏度是表征天然气内摩擦力大小的一个参数，纯气体的黏度取决于气体的压力和温度，而天然气的黏度还与其组成有关。

对于单一成分的气体或液体，可根据牛顿内摩擦定律计算其动力黏度，如下式：

$$\mu = \frac{\tau}{du/dh} \qquad (2-50)$$

式中　μ——动力黏度，Pa·s；

　　　τ——单位面积上的内摩擦力，Pa；

　　　u——流体的流动速度，m/s；

　　　h——流体流层间的距离，m。

在工程上，常采用运动黏度进行计算分析，运动黏度的表达式为：

$$\nu = \frac{\mu}{\rho} \qquad\qquad (2-51)$$

式中　ν——运动黏度，m^2/s；

　　　ρ——密度，kg/m^3。

3. 露点

根据我国商品天然气质量标准，在天然气交接点的压力和温度下，天然气的水露点应比最低环境温度低5℃。水露点是指气体在一定压力下析出第一滴水时的温度。烃露点是指气体在一定压力下析出第一滴液态烃时的温度。脱除管输天然气中的水和液态烃，主要是为了提高管输效率，保障输气安全。

4. 热值

标准状态下单位体积燃料完全燃烧，燃烧产物又冷却至标准状态所释放的热量被称为热值。含氢燃料燃烧时将产生水，若燃烧后水为冷凝液，则称高位热值或总热值；若水为蒸汽，则称低位热值或净热值。天然气的热值常以MJ/m^3为单位。

5. 焓值

焓值是热力学中表征物质系统能量的一个重要状态参量，常用符号H表示。对一定质量的物质，焓定义为$H = U + pV$，式中，U为物质的内能，p为压强，V为体积。单位质量物质的焓称为比焓，表示为$h = u + p/\rho$。

6. 燃烧性质

表征天然气燃烧特性的参数主要有华白数W和燃烧势CP。华白数是表征热流量大小的特性指数。当燃烧器喷嘴前压力不变时，燃具热负荷Q与燃气热值H成正比，与燃气相对密度的平方根成反比。华白数W按下式计算：

$$W = \frac{Q}{\sqrt{d}} \qquad\qquad (2-52)$$

式中　W——华白数，MJ/m^3；

　　　Q——燃气高热值，MJ/m^3；

　　　d——燃气相对密度。

燃烧势就是燃气燃烧速度指数，是反映燃烧稳定状态的参数，即反映燃烧火焰产生离焰、黄焰、回火和不完全燃烧的倾向性参数。

当燃气的组分和性质变化较大，或者掺入的燃气与原来燃气性质相差较大时，燃气的燃烧速度会发生较大变化，仅用华白数已不能满足设计需要。所以我国的燃气分类标准中又引入燃烧速度指数——燃烧势CP，来全面判定燃气的燃烧特性。

7. 爆炸极限

若为已知组成的气体混合物，其燃烧下限可用下式计算：

$$y \sum \frac{n_i}{N_i} = 100\% \qquad (2-53)$$

气体的燃烧速度随温度的增高而加快，温度每增高 15℃ 燃烧速度约增快 1 倍。气体混合物的压力低于大气压越多，燃烧的可能性越小。混合物内存在的惰性气体（N_2、CO_2）越多，越会提高燃烧极限的上下限。为安全使用和生产，应在天然气内注入添味剂，当浓度达 20% 燃烧下限时应为操作人员所察觉。

8. 绝热压缩膨胀

绝热压缩是与外界没有热量交换的压缩过程。但外界对气体做功，压缩气体，因此，并不同于孤立系统。根据能量守恒的原理，理想气体在绝热压缩时温度升高，在绝热膨胀时温度降低。

9. 国家标准的相关指标及质量要求

根据用途和质量要求不同，我国商品天然气对热值、H_2S、总硫含量、水和 CO_2 含量有不同的要求。根据 GB 17820—2012，天然气的技术指标见表 2-26。

表 2-26　天然气的技术指标

项目	一类	二类	三类	实验方法
高热值/（MJ/m³）		>31.4		GB/T 11062
总硫/（mg/m³）	≤100	≤200	≤460	GB/T 11061
硫化氢/（mg/m³）	≤6	≤20	≤160	GB/T 11060.1
二氧化碳（体积分数）/%		≤3.0		GB/T 13610
水露点/℃	在天然气交接点的压力和温度下，天然气的水露点应比最低环境温度低 5℃			GB/T 17283

《城镇燃气设计规范》规定应使用一类或二类气，但 CO_2 含量可放宽。

（二）管道输送特点

管道输送是天然气的主要输送方式之一，从油气田井口到最终用户，历经矿场集气、净化、管道、压气站、配气站以及调压计量等环节，形成了一个统一的密闭输气系统。一般可按照输送距离、经营方式和输送目的，将输气管道分为三类：一是矿场集气管线；二是长距离输气管道；三是城市输气管道，通常称为城市输配管网。

思考题

1. 简述加热炉的传热方式。

2. 简述含蜡原油的流变性质。

3. 影响爆炸极限发生变化的主要因素有哪些？

4. 工艺流程图识读的要点是什么？

5. 某输油管道为螺旋缝钢管，直径 $D = 711 \times 7.9mm$，长度 $L = 53km$，输送介质为密度850kg/m³、某温度下运动黏度37mm²/s 的原油。试问在流量 $Q = 2800m^3/h$ 的情况下，该输油管道的沿程摩阻损失为多少？

第三章 输油工艺

管道输油工艺是实现管道油品输送的技术和方法。主要工艺是根据油品的性质和管线输量，确定输送方式和流程、输油站类型与位置，选择管材和主要设备，并制定运行方案和输量调节措施。

第一节 输送方式

油品的输送方式，需根据油品性质和管道所处的环境来确定。低凝固点、低黏度的原油常采用常温输送（也称等温输送）方式，对易凝高黏原油常采用加热输送方式。

一、常温输送

输送轻质低凝点原油的长输管道，沿线不需要加热，油品从首站进入管道，经过一段距离后，管内油温接近于管道埋深处的地温。因此，常温输送管道不考虑管内油流与周围介质的热交换，只需根据泵站提供的压力能与管道所需压力能平衡的原则进行工艺计算。

（一）常见参数选择

1. 输量 Q

根据年设计输量或实际输量 G 进行计算，将其换算成体积流量 Q：

$$Q = \frac{G \times 10^7}{\rho_{cp} \times 8400 \times 3600} \tag{3-1}$$

式中　G——年设计输量或实际输量，$10^4 t/a$；

　　　Q——体积流量，m^3/s；

　　　ρ_{cp}——年平均地温下的油品密度，kg/m^3。

2. 管道埋深处的年平均地温

在进行水力计算时，一般采用年平均地温所对应的油品物性参数。可由资料提供的管路埋深处每月的平均地温得出。

3. 油品的密度

在进行水力计算时，油品的密度 ρ 采用管道埋深处土壤年平均温度下的密度。

4. 油品黏度

运动黏度可按下式计算：

$$\nu_{t2} = \nu_{t1} e^{-\mu(t_2 - t_1)} \tag{3-2}$$

式中　ν_{t1}，ν_{t2}——温度为 t_1、t_2 时油品的运动黏度，m^2/s；

　　　　μ——黏温指数，$1/℃$，可由两个已知的黏度值求得，$\mu = \dfrac{1}{t_2 - t_1}\ln\dfrac{\nu_{t1}}{\nu_{t2}}$。

（二）管道摩阻计算

水力坡降（i）即管道单位长度上的摩阻损失，如图3-1所示。

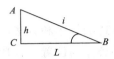

图3-1　管道的水力坡降

例3-1　某管线在日常运行时输量 $Q = 3510 m^3/h$，原油黏度 $\nu = 8.53 mm^2/s$，管长 $L = 30km$，直径914mm，壁厚15.9mm，计算沿程摩阻是多少？（管壁的绝对粗糙系数 $e = 0.15mm$）

解：由题可得体积流量 $Q = 3510 m^3/h = 0.975$（m^3/s）

管道内径 $D = 914 - 15.9 \times 2 = 882.2$（mm）

$$Re = \frac{4Q}{\pi d\nu} = \frac{4 \times 0.975}{\pi \times 882.2 \times 10^{-3} \times 8.53 \times 10^{-6}} = 1.65 \times 10^5 > 2000，属于紊流$$

计算水力光滑区的上限雷诺数：

$$\frac{59.7}{\varepsilon^{8/7}} = \frac{59.7}{\left(\dfrac{2e}{D}\right)^{8/7}} = \frac{59.7}{\left(\dfrac{2 \times 0.15}{882.2}\right)^{8/7}} = 5.49 \times 10^5 > Re$$

所以，管路中油流的流区为水力光滑区。

$\beta = 0.0246$，$m = 0.25$

因此管道沿程摩阻：

$$h_1 = \beta\frac{Q^{2-m}\nu^m}{d^{5-m}}L = 0.0246 \times \frac{(0.975)^{1.75} \times (8.53 \times 10^{-6})^{0.25}}{(882.2 \times 10^{-3})^{4.75}} \times 30 \times 10^{30}$$

$$= 69.66（m 油柱）$$

二、加热输送

原油加热到一定温度后进入管道叫加热输送。原油沿管道流动时不断向周围介质散热，使其温度降低。散热量及沿线油温分布受很多因素的影响，如输油量、加热温度、周围环境、管道散热条件等。往往这些因素是随时间变化的，因此热油管道常处于热力不稳定状态。工程上将正常运行的工况近似认为热力、水力是相对稳定的状况来进行工艺计算。

（一）热力计算所需的主要物性参数

1. 比热容

比热容 C 常用来表示各种物质间的吸热或放热的能力。原油比热容的数值随着原油温度的升高而增大。由下式计算：

$$C = \frac{1}{\sqrt{d_4^{15}}}(1.687 + 3.39 \times 10^{-3}T)$$ （3-3）

式中　C——比热容，$kJ/(kg \cdot ℃)$；

d_4^{15}——原油15℃时的相对密度；

T——原油温度，℃。

2. 导热系数

原油的导热系数随温度而变化，可按下式计算

$$\lambda = 0.137 \ (1 - 0.54 \times 10^{-3}T)/d_4^{15}$$ （3-4）

式中　λ——油品在T时的导热系数，$W/(m \cdot ℃)$；

T——油温，℃。

3. 油的黏温特性

油的黏温特性是指油的黏度随温度的变化关系，常用下式计算：

$$\frac{\nu_1}{\nu_2} = e^{-\mu(t_1 - t_2)}$$ （3-5）

式中　ν_1，ν_2——温度t_1、t_2时油品的运动黏度；

μ——黏温指数。

式（3-5）适用于低黏度的成品油及部分重燃料油，不适用于含蜡原油。采用该公式对含蜡原油进行计算时可分段写出其黏温指数方程。不同油品的μ值不同，一般规律是低黏度的油μ值小，约在0.01～0.03之间；高黏度的油μ值大，约在0.06～0.10之间。

4. 热油管道的总传热系数K

总传热系数K指油流与周围介质温差1℃时，单位时间内通过管道单位面积所传递的热量。它表示油流向周围介质散热的强弱。

以埋地管道为例，管道散热的传热过程是由油流至管内壁的放热，钢管壁、防腐绝缘层或保温层的热传导，管外壁至周围土壤的传热（包括土壤的导热和土壤对大气和地下水的放热）三部分组成。其总传热系数可用下式计算：

$$K = \frac{1}{D\left(\dfrac{1}{\alpha_1 D_1} + \sum \dfrac{1}{2\lambda_i}\ln\dfrac{D_{(i+1)}}{D_i} + \dfrac{1}{\alpha_2 D_2}\right)}$$ （3-6）

在输油管道的各层热阻中，管内油流至管内壁的对流放热热阻占的比例很小，不到1%，钢管壁的热阻占的比例更小，这两项热阻通常可忽略不计。对于埋地不保温管道，防腐绝缘层的热阻约占10%左右，管外壁至土壤的放热热阻约占90%左右。保温管道的热阻主要取决于保温层。

由于计算埋地管道的总传热系数时要用到土壤的导热系数，而土壤的导热系数受许多因素的影响，不同季节、不同地方的导热系数相差很大，故在实际应用中，一般不采用上述公式计算管道的总传热系数，而是根据已有管道反算得到的总传热系数选取。

（二）温度参数的确定

确定加热站的进、出站温度时，需要考虑三方面的因素：

①油品的黏温特性和其他的物理性质；

②管道的停输时间、热胀和温度应力等因素；

③经济比较，使总的能耗费用最低。

1. 加热站出站油温的选择

加热温度一般不超过 70℃。如原油加热后进泵，则其加热温度不应高于初馏点，以免影响泵的吸入。

含蜡原油在凝点附近黏度随温度变化很大，而当温度高于凝点 30～40℃时，黏度随温度的变化很小，而且含蜡原油管道常在紊流光滑区运行，摩阻与黏度的 0.25 次方成正比，高温时提高温度对摩阻的影响很小，而热损失却显著增大，故加热温度不宜过高。

确定出站温度时，还必须考虑由于运行和安装温度的温差而使管路遭受的温度应力是否在强度允许的范围内，以及防腐保温层的耐热能力是否适应等。

2. 加热站进站油温的选择

加热站进站油温首先要考虑油品的性质，主要是油品的凝固点，必须满足管道的停输温降和再启动的要求，但主要取决于经济比较，故其经济进站温度常略高于凝点。

3. 周围介质温度 T_0 的确定

对于架空管道，T_0 就是周围大气的温度；对于埋地管道，T_0 则取管道埋深处的土壤自然温度。

（三）热输管道沿程温降计算

设管道周围介质温度为 T_0，dl 微元段上油温为 T，管道输油量为 G，水力坡降为 i。流经 dl 段后散热油流产生温降 dT。在稳定工况下，dl 微元管段上的能量平衡式如下：

$$K\pi D\left(T - T_0\right)dl = -GcdT + gGid \tag{3-7}$$

式中左端为 dl 管段单位时间向周围介质的散热量，右端第一项为管内油流温降 dT 的放热量，第二项为 dl 段上油流摩擦损失转化的热量。因 dl 和 dT 的方向相反，故引入负号。

设管长 L 的段内总传热系数 K 为常数，忽略水力坡降 i 沿管长的变化，对上式分离变量并积分，可得沿程温降计算式，即列宾宗公式。

令

$$a = \frac{K\pi D}{Gc} \qquad b = \frac{gi}{ca}$$

$$\int_0^L a \, dl = \int_{T_R}^{T_L} -\frac{dT}{T - T_0 - b}$$

$$\ln \frac{T_R - T_0 - b}{T_L - T_0 - b} = aL \tag{3-8}$$

或

$$\frac{T_R - T_0 - b}{T_L - T_0 - b} = \exp\left(aL\right)$$

式中　G——油品的质量流量，kg/s；

　　　c——输油平均温度下油品的比热容，J/(kg·℃)；

　　　D——管道外直径，m；

　　　L——管道加热输送的长度，m；

　　　K——管道总传热系数，W/(m²·℃)；

　　　T_R——管道起点油温，℃；

　　　T_L——距起点 L 处油温，℃；

　　　T_0——周围介质温度，埋地管道取管中心埋深处自然温度，℃；

　　　i——油流水力坡降，m/m；

　a，b——参数，$a = \dfrac{K\pi D}{Gc}$，$b = \dfrac{giG}{K\pi D}$；

　　　g——重力加速度，m/s²。

若加热站出站温度 T_R 为定值，则管道沿程的温度分布可用公式（3-9）表示，其温降曲线如图 3-2 所示。

$$T_L = (T_0 + b) - [T_R - (T_0 + b)]\, e^{-aL} \tag{3-9}$$

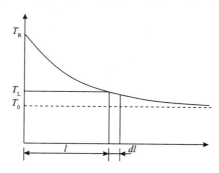

图 3-2　热油管的降温曲线

式（3-9）推导中，水力坡降 i 取定值，实际上热油管的 i 沿程是变化的。计算中可近似取加热站间管道的平均水力坡降值：

$$i_{pj} = \frac{1}{2}(i_R + i_L) \tag{3-10}$$

式中　i_R，i_L——计算管段的起点、终点的水力坡降。

热力计算时，沿程温度分布待求，故水力坡降也未知，只能近似取值计算或迭代求解。

（四）轴向公式的应用

1. 计算热油管路温降

常用苏霍夫温降公式计算热油管路温降。在加热站间距 L_R 已定的情况下，当 K、C、D、T_0 一定时，确定为保持要求的进站温度 T_R 所必须的加热站出站温度 T_L。

$$T_L = T_0 + (T_R - T_0)\, e^{-aL_R} \tag{3-11}$$

2. 校核站间允许的最小输量 G_{min}

当 $T_R \leqslant T_{Rmax}$、$T_Z \geqslant T_{Zmin}$ 及站间其他热力参数即 T_0、D、K、L_R 一定时，对应于 T_{Rmax}、T_{Zmin} 的输量即为该热力条件下允许的最小输量：

$$G_{min} = \frac{K\pi DL_R}{C\ln\dfrac{T_{Rmax} - T_0 - b}{T_{Zmin} - T_0 - b}} \tag{3-12}$$

3. 运行中反算总传热系数 K 值

总传热系数是热油管线设计和运行管理中的重要参数，在管线的日常运行管理中定期反算和分析管线的总传热系数不仅可为新建管线提供选择总传热系数的依据，而且还可根据总传热系数的变化分析管线沿线的散热和结蜡情况，帮助指导生产。

若 $K\downarrow$，如果此时 $Q\downarrow$，$H\uparrow$，则说明管壁结蜡可能较严重，应采取清蜡措施。

若 $K\uparrow$，则可能是地下水位上升，或管道覆土被破坏、保温层进水等。

在热油管道的运行管理中，通常根据管线的实际运行参数（管线的输量、站间起、终点温度和压力、管线中心埋深处的自然地温等）利用轴向温降公式来反算管道总传热系数。计算方法如下：

$$K = \frac{GC}{\pi DL}\ln\frac{T_R - T_0 - b}{T_z - T_0 - b} \tag{3-13}$$

$$b = \frac{giG}{K\pi D}$$

式中　K——管线的总传热系数，$W/(m^2 \cdot ℃)$；

　　　T_R——管线起点油温，℃；

　　　T_Z——管线终点油温，℃；

　　　G——原油质量流量，kg/s；

　　　C——原油比热容，$J/(kg \cdot ℃)$；

　　　T_0——管线中心埋深处自然地温，℃；

　　　i——管线的水力坡降；

　　　g——重力加速度，$g = 9.8 m/s^2$；

　　　D——管线外径，m；

　　　L——管线长度，m。

管线的水力坡降可根据实测的站间压降和站间高程差计算：

$$i = \frac{\dfrac{P_1 - P_2}{\rho g} \times 10^6 - (z_2 - z_1)}{L} \tag{3-14}$$

式中　P_1——管线起点压力，MPa；

　　　P_2——管线终点压力，MPa；

　　　Z_1——管线起点高程，m；

　　　Z_2——管线起点高程，m；

ρ——原油密度，kg/m^3。

（五）热输管道的水力计算

热输管道的摩阻有理论计算和近似计算两种方法。

1. 平均温度计算法

若在加热站间起点、终点温度下的油流黏度差值不超过一倍左右，且管路的流态在紊流光滑区，则可按起终点平均温度下的油流黏度来计算一个加热站间摩阻。

$$T_{pj} = \frac{1}{3}T_R + \frac{2}{3}T_Z \qquad (3-15)$$

$$h_q = \beta \frac{Q^{2-m}\nu_{pj}^m}{d^{5-m}}L_q \qquad (3-16)$$

式中　T_{pj}——加热站间油流的平均温度；

　　　h_q——一个加热站间的摩阻。

2. 分段计算法

需要较准确计算时，或管道中油流的流态有转变，油流黏度相差较大时，则需分段计算加热站间的摩阻。

根据算得的ν_{kp}在黏温曲线上查找相应的温度T_{kp}，即流态发生变化时的临界温度。若沿线温度都高于T_{kp}，则无流态变化；若$T_R < T_{kp} < T_Z$，则有流态变化，在管路上相应于油温为T_{kp}的位置以左为紊流段，以右为层流段，如图3-3所示。

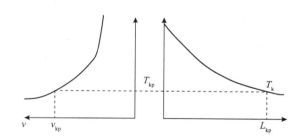

图3-3　按临界黏度判断流态

将加热站间分成若干小段，计算每一个小段的平均温度：

$$T_{pji} = \frac{T_i + T_{i+1}}{2} \qquad (3-17)$$

式中　T_i，T_{i+1}——每一小段的起点、终点的温度。

找出相应于油温T_{pji}的黏度ν_{pji}，按每一小段的平均黏度，计算各小段的摩阻：

$$h_i = \beta \frac{Q^{2-m}\nu_{pji}^m}{d^{5-m}}L_i \qquad (3-18)$$

一个加热站间的摩阻：

$$h_q = \sum \beta \frac{Q^{2-m}\nu_{pji}^m}{d^{5-m}}L_i \qquad (3-19)$$

两种方法相比，第一种较简单，但误差大；第二种较准确，在实践中应用较多，但计算工作量大。

第二节　输　送　工　艺

目前常用的输油工艺有"旁接油罐"和"从泵到泵"两种，如图3-4所示。

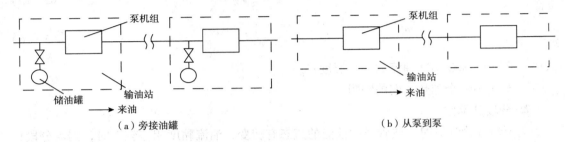

（a）旁接油罐　　　　　　　　　　　　（b）从泵到泵

图3-4　输油管道输送方式示意图

一、旁接油罐输送

"旁接油罐"输油工艺（也称开式流程）是上站来油进入输油泵也同时进入油罐的输油工艺，油罐通过旁路连接到干线上，当本输油站与上下两个输油站的输量不平衡时，油罐起缓冲作用。"旁接油罐"输油时，由上站来的输油干管与下站的吸入管道相连，同时在吸入管路上并联着与大气相通的旁接油罐。用油罐调节两站间输量的差额，多进少出。各泵进口的压力均取决于本站旁接油罐的液面高度及油罐到泵吸入管道的摩阻。

1. 优点

①安全可靠，水击危害小；

②利于运行参数的调节，减少站间的相互影响。

2. 缺点

①油气损耗严重；

②设备和流程复杂，固定资产投资大；

③全线运行难以达到最优工况，能量浪费大。

3. 工作特点

①每个泵站与其相应的站间管路各自形成独立的水力系统；

②上下站输量可以不相等；

③各站的进出站压力没有直接联系。

旁接油罐将长输管道分成了若干个独立的水力系统，即每一个泵站各与由其供应能量的站间管道构成一个水力系统。该泵站的工作特性曲线与这一站间管道特性曲线的交点即为这一系统的工作点。全线各泵站都是为了完成一个输油任务，而旁接油罐的容量又有限，所以各站间的输量偏差和持续时间受到限制。因此各站的平均输量必须一致，故全线的输量就受输量最小的站间控制。若各站装置相同的泵机组，为了保持各站都在额定流量范围工作，各站的工作扬程也必须接近。只有各站的工作点基本一致，各站均衡地分担全线的能量消耗，才能充分发挥各站的效能，达到全线协调经济地工作。

二、从泵到泵输送

"从泵到泵"输油工艺（也称密闭流程）是指中间输油站不设供缓冲用的油罐，上站来油全部直接进泵。"从泵到泵"输油时，上站来的输油干线直接与下站泵机组的吸入管相连，在正常工作状态下，没有起调节作用的油罐，各站泵机组直接串联工作。各泵站及站间管道的工况相互密切联系，整个管道形成一个密闭的连续的水力系统。

1. 优点

①全线呈密闭状态，中间站没有蒸发损耗；
②有利于中心控制，集中调节；
③可利用上站剩余压头，便于实现优化运行。

2. 缺点

全线紧急停输较慢，不利于应急处理。

3. 工作特点

①全线是一个统一的水力系统，各站流量相同；
②输量由全线所有泵站和全线管路总特性决定。

若前一站给出的压头大于站间管道所需压头，则剩余压头加在下一站泵机组的进口上，即为进站（口）压头，而进口压头与泵机组扬程之和则为泵机组出口压头。由于这样一站影响一站，全线形成统一的水力系统，每个泵站的工况（排量与压力）决定于全线总的能量供应与能量消耗。也就是说各站的工况要由全线总的泵站特性曲线和总的管路特性曲线来判断。

按照中国石油天然气行业标准《原油管道运行规范》要求，新建原油管道应采用密闭输送方式。

第三节　工 艺 流 程

输油站站内各个设备具有相对独立的工艺流程，以实现各自承担的输油任务。同时，它们又相互关联在一起，构成了输油站的总体工艺流程。研究输油站的总体工艺流程首先应明白各单体设备具有的工艺流程，然后按它们之间的相互关系，进而分析输油站的总体工艺流程。

一、加压工艺流程

液体能沿管路进行输送是靠泵加压来实现的。泵是把机械能转变成液体的位能和压力能的设备，泵的类型复杂，品种规格繁多，在长输流体管道上应用较多的为离心泵和容积式泵。一般离心泵适用于大流量、扬程不十分高的地方，容积式泵适用于小流量、高扬程的地方。本节以离心泵为例介绍加压工艺流程。

离心泵工艺流程主要由过滤器、离心泵、闸阀、止回阀、工艺管线等组成。有时一台泵不能满足输油生产中要求泵站提供的压头和能量，需要几台泵联合起来工作，可将离心泵串联或并联，也可串并联混合使用。

一般大型离心泵需要正压进泵时，应在输油泵前增设给油泵，它和主泵的连接采用串联运行的方式，给油泵之间一般采用并联运行的方式，以满足工艺要求，给油泵不一定要和输油泵放在一起，为了改善吸入条件，可将其设在油罐区附近，同时又可作为倒罐使用，从而提高了泵的利用率。图3-5为离心泵串联工艺流程，图3-6为离心泵并联工艺流程。

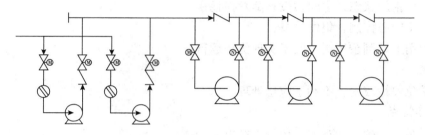

图3-5　离心泵串联工艺流程（带给油泵）

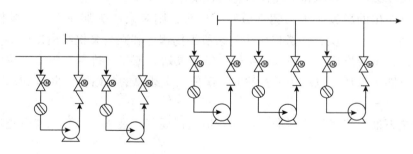

图3-6　离心泵并联工艺流程（带给油泵）

离心泵并联运行和串联运行各自的特点如下。

1. 并联运行流程

①并联运行时，泵汇管总流量 Q 等于各泵支管流量（Q_1、Q_2、Q_3……）之和，即

$$Q = Q_1 + Q_2 + Q_3 + \cdots + Q_n$$

②并联运行总扬程（H）等于各泵的扬程（输油泵出口阀门不节流时），即

$$H = H_1 = H_2 = H_3 = \cdots = H_n$$

2. 串联运行流程

①串联运行时，汇管内总流量等于单泵流量，即

$$Q = Q_1 = Q_2 = Q_3 = \cdots = Q_n$$

②串联运行总扬程等于各泵扬程之和，即

$$H = H_1 + H_2 + H_3 + \cdots + H_n$$

单泵提供压头不足时，可以采用多台泵串联运行；单泵提供流量不足时，可以采用多台泵并联运行。但在具体应用时，应在设计阶段结合管路特性具体分析，以决定采用哪种方式更有利于生产。

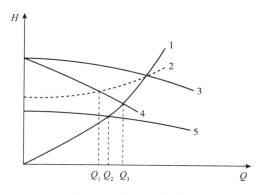

图 3-7　泵机组串并联特性比较

图 3-7 为泵机组的串并联特性比较，图中曲线 1 表示地形平坦时的管路特性曲线，此时起终点位差较小。曲线 2 表示翻越大山时的管路特性曲线，这时位差较大，沿程摩阻较小。曲线 3 为泵站特性曲线。曲线 4 和 5 则分别为泵机组 A 和 B 单泵工作时的特性曲线。曲线 3 可由泵机组 A 并联或泵机组 B 串联得到。

从图 3-7 中可看出，在泵站特性（即曲线 3）相同的情况下，对于地形平坦的管路（即曲线 1），采取串联形式具有更大的调节灵活性。当流量大于 Q_3 时，不管采用哪种形式，均需两台泵运行；当流量在 $Q_2 \sim Q_3$ 之间时，若是串联形式的泵机组，需两台泵运行，若是并联形式，用一台泵即可，且节流损失比用两台串联泵的要少；当流量小于 Q_2 时，用串联泵机组中的一台泵即可，且比用并联泵机组中的一台要节省能量。所以，全面考虑起来，地形平坦的管路，串联较好。另外，泵串联后，还可以使流程简化，节约能量，故在长输管线上得到了广泛的应用。特别是大型输油管线，为了提高它的经济性，减少动力费用，宜采用中扬程、大排量的单级离心泵串联运行。

但是，在管线翻越高山时，位差较大，宜采用并联运行。如图 3-7 所示，当流量大于 Q_1 时，不管哪种形式，均需两台泵运行，但当流量小于 Q_1 时，串联泵机组中的一台泵能量不够，而用并联泵机组中的一台即可运行，且比两台泵（无论是串联还是并联）的节流损失少。所以，对位差较大的管路，离心泵并联较好。

为了提高离心泵的效率，使泵的条件更加灵活，无论是采用并联泵机组还是采用串联泵机组，不一定都采用同性能的离心泵，最好有大小泵配合工作，这样有利于生产，方便泵的调节。例如在串联泵机组时，搭配一个低扬程的小泵，在生产中，若两台同型号泵联合工作能量大于管路消耗，而一台泵又不能满足时，可采用一大一小泵联合工作，这样既增加了调节的灵活性，也节省了能量。

二、加热工艺流程

采用加热输送的方式，是提高高凝、高黏原油流动性，降低输送难度，保障管输安全的普遍方法。原油可通过加热炉直接吸收燃料燃烧放出的热量，也可通过换热器吸收加热过的中间介质释放的热量。

（一）加热炉工艺流程

在各热输站，加热炉通常采用并联连接，原油加热温度不宜高于70℃。原油进出加热炉一般有单进单出、双进单出和双进双出三种方式，常用的为双进单出和双进双出方式，主要原因是原油进入含有两个及以上管程的加热炉时，容易发生偏流从而引起炉管结焦，而采用两个进口管线，可以减少偏流的发生。

从泵与加热炉的相对位置来看，有种两流程：

①先泵后炉　如图3-8所示。采用旁接油罐方式输油的早期泵站普遍为先泵后炉流程。其优点是泵吸入管路较短，利于泵的吸入。其缺点是进泵原油温度较低，较高的黏度降低了泵的输送效率；而且加热炉设置在高压端，对设备提出了更高的承压要求。

②先炉后泵　如图3-9所示。目前的从泵到泵的密闭输油管线普遍采用这种流程。其优点是加热炉在较低压力下工作，运行安全可靠；原油经加热炉加热后进泵，降低了进泵原油黏度，提高了泵的输送效率；且采用先炉后泵工艺，可减少站内冷油管线的长度，改善站内管线的结蜡情况。其缺点是泵前摩阻变大，影响泵的吸入。

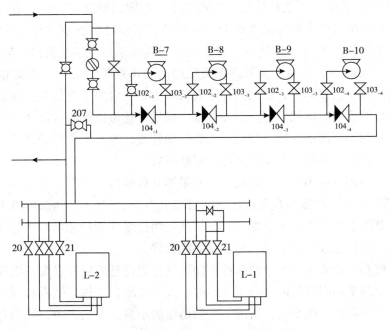

图3-8　加热炉工艺流程图（先泵后炉）

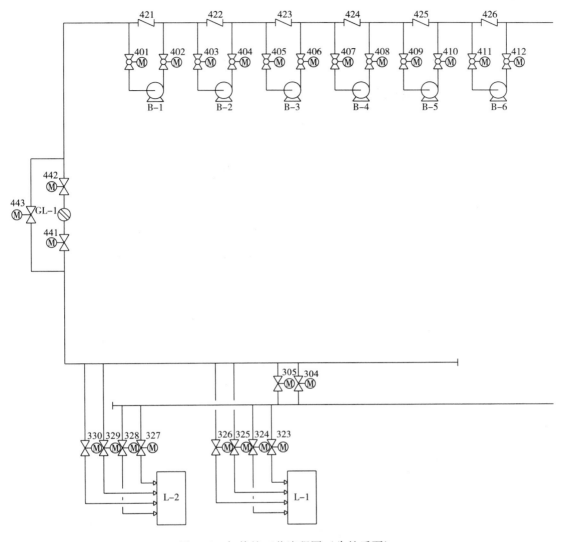

图 3-9 加热炉工艺流程图（先炉后泵）

先炉后泵流程要防止的是炉前压力过低，泵的吸入能力有限，满足不了加热炉压降的要求，可考虑设置给油泵。对"旁接油罐流程"来说，在有给油泵的情况下，实现先炉后泵流程就比较容易了。

（二）换热器工艺流程

换热器是用热蒸汽、导热油等作为携热介质将原油加热的。在换热器中，原油走管程从下方进入，上方返出；热蒸汽、导热油等走壳程从下部进入，在与原油换热冷凝后，从壳体下部返出。

换热器多采用三级联装，工艺流程如图 3-10 所示。在运行时，可采用并联或串联方式，串联方式可以使原油的受热温度比较高，并联方式可以使原油的流量比较大。

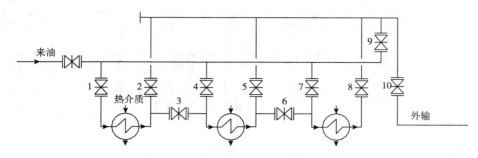

图 3-10　换热器工艺流程图

三、清管工艺流程

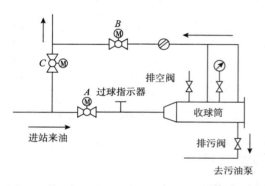

图 3-11　管道清管器收球工艺流程图

清管系统的作用不仅限于清除管线内的结蜡和杂质，还可在顺序输送管道或施工管道中发送隔离球，以及发送用于管道评价的各种检测器。管道清管系统包括收、发、转清管器三个流程，根据输送工艺的需要，在不同的站场内安装各类清管流程，收、发清管流程通常安装在首、末站及需要取球的中间站，若清管器通过中间站不需取出，则设有转球流程，如图 3-11 ~ 图 3-13 所示。

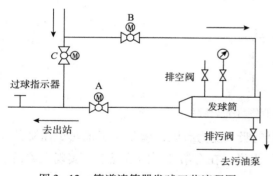

图 3-12　管道清管器发球工艺流程图

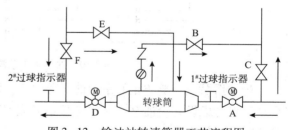

图 3-13　输油站转清管器工艺流程图

四、油罐区工艺流程

油罐区管道工艺流程根据布置方式一般可分为单管系统、双（多）管系统及独立管道系统。

（一）单管系统

将油品分成若干组油罐储存，每组各设一根输油汇管，在每个油罐附近通过一根管道和油罐相连的方式就是单管系统，如图 3-14 所示。其优点是所需管道少，建设费低；缺点是它只以 1 根汇管作为 1 组油罐进出油管，每组油罐不能同时收发原油，罐组油罐之间也不能互相转输，发生事故时，同管线油罐均不能操作。

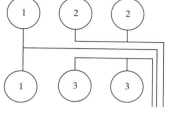

图 3-14 单管系统工艺流程图

（二）双（多）管系统

双（多）管系统安装方式和单管系统相同，不同的是每组油罐设两根（或多根）输油汇管。图 3-15 是典型的双管系统工艺流程图。

其特点是弥补了单管系统同罐组储罐无法同时收发原油的不足。

（三）独立管道系统

独立管道系统是任一罐区的每个油罐均单独设置 1 根管道，如图 3-16 所示。其优点是每个储罐作业时均不影响其他油罐的作业。其缺点是管线较多，增加了建设投资和现场布置难度。

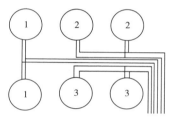

图3-15 双管系统工艺流程图

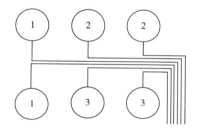

图 3-16 独立管道系统工艺流程图

油罐区工艺流程需根据实际使用需求进行合理设计，对作业量较大、同组油罐较多的油库常采用 3 管系统，既可以进行收发油作业，又可以进行倒罐等其他作业。

五、计量工艺流程

计量工艺流程主要由消气器、过滤器、流量计、闸阀、止回阀、压力表、温度计等组成，有些计量流程上还有含水分析仪、密度计、取样器等在线监测仪表。用于原油交接的计量流程中，需设有标定装置，对流量计定期进行检定，如图 3-17 所示。

六、减压工艺流程

在长输管道上，有时会遇到管线长距离大幅度连续下坡的情况，如果坡度陡、落差大，就会使下游输油站承受很高的管压，因此需要进行减压。另一种情况是上游来油压力过大，也需要在站内进行减压。

减压流程主要有两种：

①减压阀减压：它是通过调整调压阀开度来达到所需要节流后的压力。

②节流孔板减压：液体在通过节流孔板时产生压降，压降的大小与孔板截面积成反比，从而达到减压的目的。由于节流孔板的截面积是相对固定的，所以，常采用几

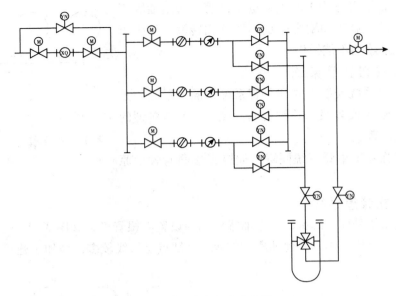

图 3-17　计量工艺流程图

级节流减压流程，通过不同的流程切换可以达到调整调压幅度的作用。

　　某站减压工艺流程如图 3-18 所示。图中两个减压阀并联，三级减压孔板串联。在生产实际中通常是一组减压阀减压流程或是一组节流孔板减压流程。

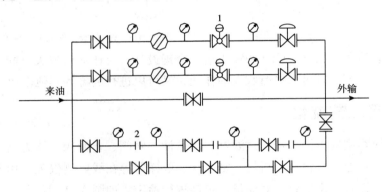

图 3-18　减压工艺流程图

1—减压阀；2—节流孔板

七、油品装卸流程及作业

（一）铁路装卸系统流程及作业

1. 铁路装卸系统

铁路装卸系统可分为轻油装卸系统和黏油装卸系统。

①轻油装卸系统　通常由输油系统、真空系统、放空系统三部分组成的。输油系统包括装卸油鹤管、集油管、输油管和输油泵等，用于输转罐车与储油罐内的油品。真空系统包括

真空泵、真空罐、真空管线和扫舱短管等，用于填充鹤管的虹吸和收净油罐车底油。

②黏油装卸系统　一般由输油系统、加热系统、放空系统三部分组成的。放空系统用于装卸完毕后，将管线中的油品放空，以免输送其他油品时产生混油或易凝油品凝管。若输送油品性质相近、油品凝点较低，可不设放空系统。黏油采用下部装卸，多采用吸入能力较强的往复泵或齿轮泵，因此不需要设置真空系统。但是为了满足油品加热的要求，通常设置相应的加热设施。

2. 铁路油罐车的装卸方法

铁路卸油方法可分为上部卸油和下部卸油两种方法。其中上部卸油可采用泵卸法、自流卸油、浸没泵卸油、压力卸油等方法；黏油一般采用下部卸油方法。

铁路装车方法均为上部装车，可分为自流装车和泵送装车两种。

铁路装卸系统流程如图3-19所示。

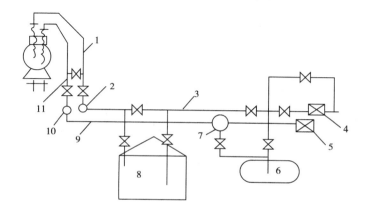

图3-19　铁路装卸系统流程图

1—装卸鹤管；2—集油管；3—输油管；4—输油泵；5—真空泵；6—放空罐；

7—真空罐；8—零位油罐；9—真空管；10—扫舱总管；11—扫舱短管

例如某站进口原油装车系统依托进口原油接卸码头和油库，利用油库内给油泵提供所需压力，采用泵送装车方式，通过鹤管将原油注入罐车中。由于油品为进口低凝点轻质原油，且只需装车功能，因此不需设置真空系统、加热系统、放空系统，系统构成简单、操作方便，如图3-20（b）和图3-21所示。

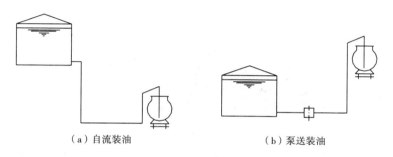

（a）自流装油　　　　　　　　　　　（b）泵送装油

图3-20　装油系统流程图

图 3-21　某站进口原油装车栈桥及鹤管

（二）码头装卸系统流程及作业

码头装卸系统由装卸油泵、装卸油导管（输油臂）、管道、计量仪表、罐等组成。

图 3-22　油轮靠泊海运码头示意图

①海运码头装卸油工艺　海运装卸油码头一般不设泵房，利用油船上配备的卸油设备进行卸油，利用站库内装船泵进行装油，工艺流程比较简单（见图 3-22～图 3-24）。若油罐区较远，需设中转泵房时，一般将中转泵房设在岸上。

图 3-23　油轮及码头鹤管

②河流码头装卸油工艺　河流运输油品的油船有油轮和油驳两种。油驳无自卸能力，

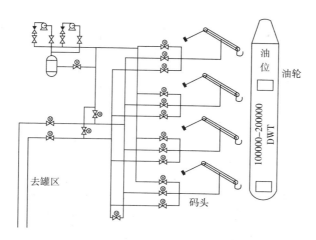

图3-24 典型海运码头装卸油工艺流程

须靠岸上油泵卸油（见图3-25）。油轮上设有卸油泵、输油导管、电源线、灌泵和扫舱的真空系统，有的还有通风系统。

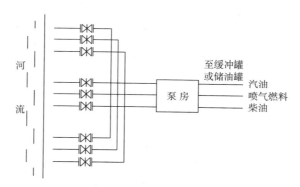

图3-25 设有岸上泵房的码头装卸油系统流程图

八、输油站总体工艺流程

把输油站内输油设备、管件、阀门等连接起来的输油管路系统称为输油站工艺流程。输油站工艺流程应能进行来油计量、正输、站内循环、反输、越站和收发清管器等操作。

（一）首站工艺流程

输油首站是输油管道的起点，流程较为复杂。图3-26为某输油首站工艺流程图，它具备接收来油计量进罐、站内循环（倒罐）、正输、反输、收发清管器等功能。

（二）中间站工艺流程

长输管道需要设置中间输油泵站，用于油品加压。对于加热输送的管道，还需设有中间加热站给油品升温。中间站工艺流程随输油方式（密闭输送、旁接油罐）、输油泵组合方式（串、并联）、加热方式（直接、间接加热）而不同。

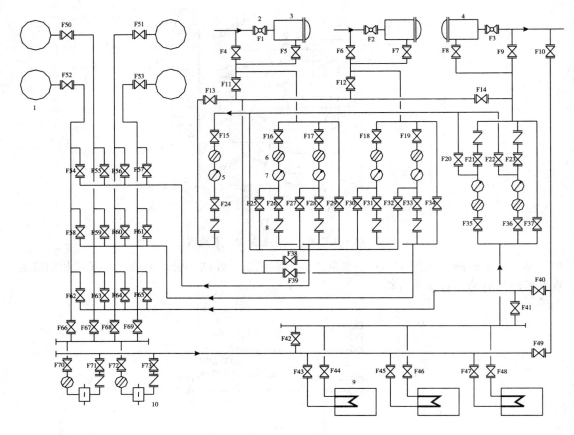

图 3-26　输油首站工艺流程图

1—储油罐；2—球阀；3—清管器收筒；4—清管器发筒；5—流量计标定装置；

6—过滤器；7—流量计；8—止回阀；9—加热炉；10—输油泵

1. 密闭输送的中间站流程

图 3-27 是典型密闭输送中间泵站的工艺流程，它具备收发清管器、正输、越站等功能。该站输油泵串联运行，进出站设有高压泄放系统，可以在发生水击工况时保护外管线及站内设备，避免超压漏油。

2. 旁接油罐的中间站流程

我国大部分早期输油站，一般采用旁接油罐的输油方式，即在中间站设有 1 座储油罐，作为输转油品的流量调节之用。图 3-28 为旁接油罐的典型工艺流程，它具备转清管器、加热正输、越站等功能。该站采用输油泵串联，先泵后炉工艺，从工艺流程图可看出，通过控制 10# 阀门开关，该站输油方式既可采用旁接油罐方式运行，又可采用密闭输油方式运行。

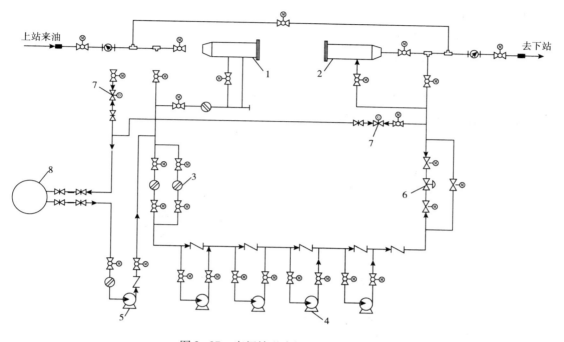

图 3-27 密闭输送中间站工艺流程图

1—清管器接收筒；2—清管器发送筒；3—过滤器；4—外输主泵；5—转油泵；

6—调节阀；7——泄压阀；8—泄压罐

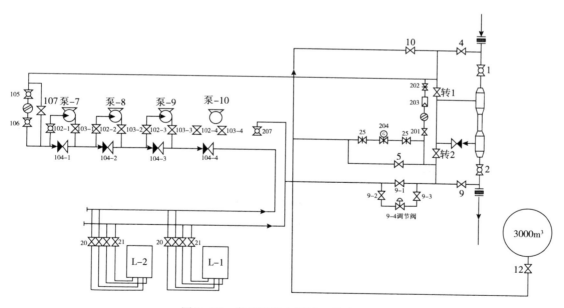

图 3-28 旁接油罐中间站工艺流程图

3. 中间分输站

有的中间泵站还具有分输、注入功能，分输站一般为一条来油线、两条外输线，注入站一般为两条来油线、一条外输线。图 3-29 为中间分输泵站工艺流程，它具备收发清管器、来油加压正输、来油越站正输功能。该站采用输油泵串联运行，设有流量自动调节阀，自动分配两条分输线流量，设有进出站高压泄放系统，保护站外管线及站内设备不超压。

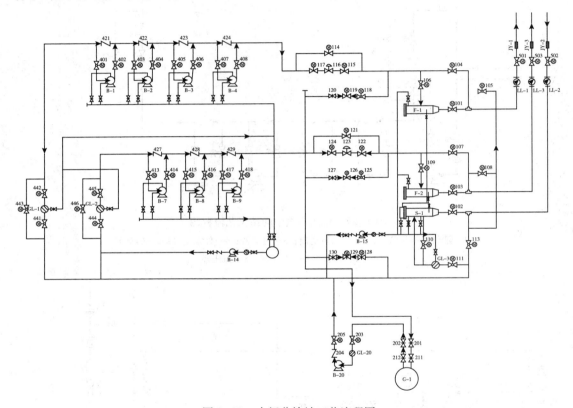

图 3-29　中间分输站工艺流程图

（三）末站工艺流程

输油末站往往靠近炼厂或油库，输油站内一般设有来油接收和计量流程、罐区流程以及收球清管流程等，可实现清管器接收、接收来油进罐、油品转输、油品计量交接、流量计标定、站内循环、压力泄放、混油掺和等功能，对于加热输送管道，必要时还应设置反输流程等。若末站设有罐区，尚应具有油品站内循环、倒罐等功能。

图 3-30 为典型的输油末站工艺流程，它具备接收清管器、来油计量（标定）功能。

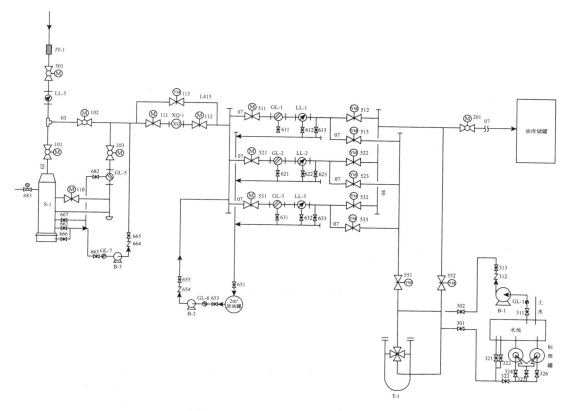

图 3-30 输油末站典型工艺流程图

第四节 原油输送改进措施

当原油在管道中稳定输送时，外界提供的两端压差等于管道摩阻压降和管道两端的高程差之和，其中管道两端的高程差由于地势原因是无法改变的，因此提高管线输量有两种办法，一种办法是提高泵压，管道输量跟着提高，这是常用方法；另一种是在泵压不变的情况下减小流体沿管道流动的摩擦阻力。因此改善原油本身的性质就能达到减阻增输降低能耗的目的。常用的改善措施包括添加减阻剂输送、添加降凝剂输送、稀释降黏、原油热处理改性输送。

一、添加降凝剂输送

（一）降凝剂作用机理

原油管道输送虽然能取得很好的经济效益，但是对于含蜡量高、凝点高的原油，当温度低于凝点时，原油管道会结蜡，影响原油在管道中的输送。研究表明长距离管道结蜡的关键影响因素是温度，油管道横截面存在径向温度梯度，靠近内壁温度最低，当温度低于石蜡的溶解温度时，石蜡就会在管壁上结晶析出，蜡分子从管中心向管壁的径向扩散，形成不流动的结蜡层，并进一步吸附液相中的蜡晶，形成网络结构，把部分液态原油包围其中，使管道内壁减小，原油输送阻力增大。降凝剂是高分子聚合物，主要用于多蜡原油管道中，通过吸附和共晶作用，改善原油中的蜡晶结构，以达到明显降低原油的凝点，改善原油的低温流动性的目的。

（二）降凝剂处理效果的影响因素

降凝剂处理效果的影响因素包括原油组成、降凝剂结构和处理条件三类。对于一定的原油，当降凝剂选定后，改性效果主要取决于处理条件。处理条件包括处理温度、降温速率和方式、注入量等。在实际生产中应根据具体情况，选择合适的处理温度和降凝剂注入量，以使处理效果达到最优。

（三）降凝剂注入流程及注意事项

图 3-31 是某输油站降凝剂复配注入系统工艺流程图。

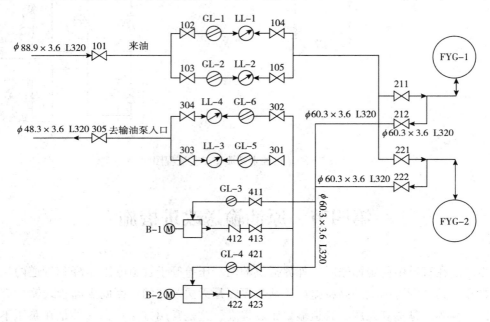

图 3-31　降凝剂复配注入系统工艺流程图

流程简要说明：一定体积的来油经流量计后进入反应釜，经搅拌加热后，以规定速度加入固体降凝剂，搅拌配置成复配液，该复配液可注入使用或转输至复配液储罐待用。

表 3-1　胜利、中原和南阳原油配比要求

复配液配比要求	胜利原油	中原原油	南阳原油	南阳油:开丙烷（1:2.14）
降凝剂质量/kg：原油体积/L	10:90	10:90	6:94	6:94

（四）应用情况

以公司某管线为例，经科学实验分析，在添加 BEM-Q 型 50mg/L 的降凝剂运行工况

下，经55℃热处理出站后，全线改性原油的凝点降低了8～9℃。随着热处理温度的提高，改性原油的凝点逐渐降低，效果逐渐变好。在添加降凝剂的作用下，公司某管线采用低输量间歇运行方式，减少了正反交替输送，大大降低了输油能耗。

二、添加减阻剂输送

（一）减阻剂作用机理

原油在管道运输过程中，处于中心紊流状态的原油分子产生很多旋涡，输送过程中会消耗大量的管输能量，只有靠近管壁的很少的部分液体运动为层流，紊流和层流中间存在有一个过渡区。减阻剂就是通过改变管壁附近过渡区油分子的运动状态，使其向同一方向运动，以扩大已有的层流区，减少能量消耗，降低摩阻损失，以达到减阻增输的目的。同时，处于紊流状态下的原油中各级旋涡将能量传递给减阻剂分子，使其发生弹性变形，将能量储存起来，之后，减阻剂分子又将获得的能量还给油分子，以维持原油正常运输所必需的能量，达到减阻的目的。当原油处于紊流状态时，减阻剂才起作用。衡量减阻效果的物理量是减阻率和增输率。

$$DR = \frac{\Delta P_0 - \Delta P_1}{\Delta P_0} \times 100\% \qquad (3-20)$$

$$T_1 = \frac{Q_1 - Q_0}{Q_0} \times 100\% \qquad (3-21)$$

式中　DR——减阻率，即当管道输量不变时加剂后沿程摩阻压降的相对降低比，%；

　　　ΔP_0——加剂前管道沿程摩阻压降，Pa；

　　　ΔP_1——加剂后管道沿程摩阻压降，Pa；

　　　T_1——增输率，当沿程摩阻压降不变时加剂后管道输量的相对增加比，%；

　　　Q_0——加剂前管道输量，m^3/s；

　　　Q_1——加剂后管道输量，m^3/s。

（二）减阻剂技术特点

减阻剂技术具有成本低、见效快、减阻效果明显等特点。通过减小流体流动阻力，可以达到增加输量、降低压力、减少固定投资、提高管输弹性和克服管道"瓶颈"，增加经济效益和社会效益的目的。在输量不变的情况下，减阻剂可以大幅降低管线沿程摩阻损失，具有减阻功能；在管线运行压力不变的情况下，可以提高管线输量，具有增输功能。因此合理使用减阻剂，可以既实现减阻，又实现增输，从而解决输油生产的许多实际问题。

（三）减阻剂分类

减阻剂按照应用的流体介质可以分为两大类：水相减阻剂和油相减阻剂。常用的水相减阻剂有聚丙烯酰胺（PAM）、聚环氧乙烷（PEO）、天然胶类（如瓜尔胶）以及一些无基高聚物如多聚磷酸钾等。由于实际应用的需要，油相减阻剂大多集中于能溶于脂肪烃的聚合物上，如聚异丁烯、氢化聚异戊二烯、聚对烷基苯乙烯等。另外一些有机酸的盐类也可以具有减阻效果，如油酸和环烷酸的铝皂钠皂等。油相减阻剂广泛应用于原油和成品油管道输送中。

（四）减阻剂注入流程及注意事项

图 3-32 为减阻剂现场加剂工艺流程示意图。

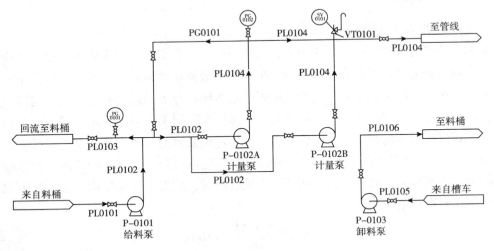

图 3-32　减阻剂现场加剂工艺流程示意图

流程简要说明：减阻剂产品由物料桶经齿轮泵 P-0101 供给计量泵 P-0102A 或 P-0102B 剩余部分循环回减阻剂物料桶；减阻剂经计量泵 P-0102A 或 P-0102B 加压注入输油管线。

（五）应用情况

减阻剂一般适用的场所有：

①对于需要提高管道输量要求的管道，管道需求输量超出管道的实际输送能力，通过添加减阻剂，提高管道的输量和输送效率，是在特定时期、特定管段提高管道流通能力，完成输油任务的重要手段；

②对于使用多年的老管线，降低管线的运行压力，提高管线运行的安全系数，增强管道的安全性；

③对于输油泵与管路特性不匹配，存在节流或能量浪费的管道，通过添加减阻剂，降低管道摩阻、减少运行泵的数量、实现越站等，降低管道输送能耗，提高管线运行的灵活性。

例如某管线运行方式为单泵常温输送，在东部某炼厂其他来油线停运的况下，需要提高此管道输量以满足该炼厂的用油需求，因此对该管线进行加剂 30×10^{-6} 工况下的参数分析。在相同运行条件下，该管线实现减阻率达到 5.7%，增输率达到 17.7%。同时该管线在加减阻剂的条件下，降低了输送能耗，取得了良好的经济收益。

三、稀释降黏

（一）稀释降黏作用机理

稀释降黏是指在高黏油中加入低黏油稀释，使混油黏度降低。由于低黏油的加入增加了胶质、沥青质分散体之间的距离，减小了它们之间的相互作用力，从而使结构产生一定程度破坏，进而降低黏度，减少输送时的摩阻，提高了经济效益。

加入低黏油降低高黏油黏度可用下面的经验公式计算：

$$\lg\ (\lg\mu_d) = x\lg\ (\lg\mu_1)\ +\ (1-x)\ \lg\ (\lg\mu_v) \qquad (3-22)$$

式中　μ_d——稠油稀释后黏度，$mPa \cdot s$；

$\quad\quad\mu_1$——稀油的黏度，$mPa \cdot s$；

$\quad\quad\mu_v$——稠油的黏度，$mPa \cdot s$；

$\quad\quad x$——稀油与稠油的质量比。

为了研究高黏度和低黏度原油混合后的物性变化，以卡斯蒂利亚原油和艾思坡原油为例，见表3-2～表3-4。

表3-2　艾思坡原油黏度报告

温度/℃	7.0	10.0	12.0	15.0	20.0	25.0	30.0	35.0	40.0
黏度/mPa·s	20.1	18.3	17.0	14.8	13.0	11.8	11.4	11.0	10.3

表3-3　卡斯蒂利亚原油黏度报告

温度/℃	7.0	10.0	12.0	15.0	20.0	25.0	30.0	35.0	40.0
黏度/mPa·s	1390	1081	910	711	482	336	240	175	141

表3-4　卡斯蒂利亚21：艾思坡16 黏度报告

温度/℃	7.0	10.0	12.0	15.0	20.0	25.0	30.0	35.0	40.0
黏度/mPa·s	102	89.6	82.2	70.5	56.2	45.4	36.5	31.2	26.1

由表中可见，掺稀油降黏的实测值与计算值接近，混油黏度值介于高黏和低黏油之间。

（二）稀释降黏的应用情况

目前，对稀释降黏输送方式进行了广泛的应用，某些管线还实现了精密配比输送。通过对东部某一泵到底运行的管线在输量相似月份不同输送方式数据对比，得出在输量相同的情况下，采用稀释降黏输送比非稀释降黏输送，出站压力降低10%～20%，泵压降低6%～8%，月总耗电量降低17%～30%。由此可知，通过稀释降黏的输送方式可以减小输油摩阻损失，降低输送压力，减少输油能耗，同时降低了运行风险，提高了输送效率，在充分利用现有的储罐和管输设施基础上，能大大降低管线的运行成本。

四、原油热处理改性输送

热处理输送工艺是将原油加热到一定的温度，使原油中的石蜡和胶质溶解分散在原油中，再以一定的温降速率和方式（动态或静态）将原油冷却下来，在石蜡的重结晶过程中，由于胶质的作用，改变了蜡晶的形态、结构和强度，从而改善了原油的低温流动性，使原油在地温条件下常温输送成为可能。

思考题

1. 简述旁接油罐、从泵到泵这两种输送工艺的优缺点及工作特点。
2. 简述"先炉后泵"和"先泵后炉"输油方式的特点。
3. 增输率是如何计算的？
4. 请结合所在站库的具体情况，熟练掌握相关流程。

第四章 输油生产运行管理

第一节 投产管理

长输管道及大型储油站库完成施工后，都需要经过工程中间交接、设备和流程的试运转以及投产试运行后，才可以投入正常的生产运行。工程的设计、施工是否符合规范和管理要求，与生产运行的实际需求是否相符，都应在投产过程中充分暴露以便尽早整改。因此试运投产是工程建设转入生产运行的关键环节，可以为后续安全运行打下坚实的基础。

一、投产前准备

为保证工程项目的顺利投产，应在投产前确认工程条件、人员和生产技术准备均已达到投产条件，确保一次投产成功。

（一）工程应具备的条件

工程应具备的条件首先是各种合规性手续必须办理完成，做到投产合规合法；其次输油管线（线路段管线）和站库部分均应通过投产前检查和条件确认。主要确认内容如下所述。

1. 输油管线

投产前，输油管线应完成敷设，清扫和试压全部结束，完成中交且初评合格，并通过投产前安全检查和投产条件确认，各项技术资料齐全。

①输油管线全部贯通，完成规定的强度及严密性试压等相关工作预验收。

②输油管线全部完成通球、扫线及放水工作。

③输油管线截断阀、固定墩、管道三桩等设施完工。

④管线外防腐层符合设计要求，阴保系统投用，其管线电位测试合格。

⑤管道埋深符合设计要求。

2. 站库

输油站库主要是检查确认原油储罐、输油泵机组、加热炉系统、工艺管线和阀门、计量系统、电气系统、仪表系统等生产设备设施及安全、消防、环保、防雷等专业要求是否达到投产条件。

（1）原油储罐

应确认原油储罐及相关配套设施按设计完成安装，具备进油条件。具体确认内容如下：

① 罐体人孔、清扫孔螺丝紧固，与排污线、油管线、排水线等连接法兰处连接完好。

② 罐底排污管线上的排污阀关闭，油罐防火堤外排水阀处于关闭状态（需排放时再打开，现场应有监护人）。

③ 中央排水系统完好，中央排水管罐外排水阀常开。

④ 浮舱完好，气密性试验合格。

⑤ 防雷防静电连接完好，接地电阻测试结果符合规范要求。

⑥ 罐前进出油管线电动阀远程测试正常后打到远控状态，否则打到现场控制状态。罐根手动阀完好、无异常，处于全开状态。

⑦ 罐顶呼吸阀阻火器和自动通气阀完好，罐顶静电导出线连接完好，量油孔完好，液位检测仪表系统完好。

⑧ 罐高、低液位报警及高高联锁功能投用，低低联锁先摘除待储罐进油到安全罐位下限以上再投用，罐区可燃气体报警装置投用。

⑨ 自动灭火报警系统投用，油罐电视监控系统投用。

（2）泵机组

泵机组安装完成，完成配置电机空载试运、机组找正、管线连接、配置仪表调校、单体试运等相关工作，泵机组具备试运条件。

（3）加热炉系统

加热炉系统安装完成，完成加热炉冷态、热态调试、仪表调校等相关工作，加热炉系统具备投产条件。

（4）工艺管网及阀门

站内工艺管网完成管道的强度及严密性试压并合格。

阀门完成强度及严密性试压和限位调试工作，电动阀门通电进行就地电动、手动的试运和远控测试正常，手动阀门开关灵活。

（5）电气系统

供电系统按设计完成，完成相应的测试工作并经验收合格。

泵机组、电动阀门、站场照明等配套设施的电气系统安装完成，完成相关的电气试验和投电工作。

（6）站控、仪表系统

站控系统安装就位，站控系统的软件安装、组态、调试完成，各种显示、控制功能达到设计要求，站控与中控系统数据传送正常。设备的联锁保护定值录入完成，完成相应的联锁保护模拟试验，站控系统完成现场验收测试（Site Acceptance Test，SAT）。各种仪表安装、检定与调试完成，数值指示正确。

（7）站场道路

生产区的道路施工完成，具备投产现场操作、设备抢修和巡检的条件。

（8）安全、消防、环保

按设计完成相关安全报警系统的安装与调试。

消防站和固定消防系统按设计要求完成建设和配备，各岗位的消防器材按要求配置，消防系统完成联合试运并通过验收。

按设计完成污水、雨水处理系统等环保设施的施工与安装，并确认完好。

（9）防雷接地系统

防雷接地系统检测合格。

（二）人员与生产技术准备

1. 组织准备

在投产前应成立以业主单位为主，有设计、施工、监理等部门参加的临时投产组织机构，统一指挥和协调工程投产工作，确保各项工作能及时落实。

参加投产的管理人员、生产岗位人员、消防人员全部到位，并完成相关人员的安全知识、投产方案、岗位操作规程学习，熟悉本岗位的安全要求及流程、设备的操作规程，取得作业工种操作证。

2. 技术准备

（1）编制投产方案

投产方案主要包括各项投产准备工作的具体计划和要求，投产程序安排和投产过程的模拟分析。投产方案编制完成后，应经上级主管部门审核批准后执行。各参与单位根据投产方案编制完成本单位的投产实施细则，并审查完毕。投产前应将投产方案及实施细则发至各相关岗位。

（2）编制事故及故障处理方案与突发事件应急预案

根据原油管道及站库投产的管理要求，编制投产期间的事故及故障处理方案（应至少包括设备故障处理及应急处置等内容）与突发事件应急预案（针对投产过程中可能发生的人员伤亡、财产损失、生态环境破坏及影响安全平稳的事件进行危险识别和风险评估，编制突发事件应急预案），经审查通过并汇编成册，投产前发至相关岗位；各单位应根据要求于投产前组织完成应急预案的培训和演练。

（3）设备、阀门工艺编号

投产涉及的设备、阀门的编号工作完成，工艺流程图、平面布置图等资料投产前发至各岗位。

（4）操作规程和规章制度

投产中涉及的安全、生产、技术等方面的规章制度和安全、设备设施、流程操作、原油交接计量等方面的操作规程应编制或配备完成，投产前发至各岗位。

（5）其他有关工作

完成其他相关工作，如绘制工艺流程图、巡检路线图，制作各种记录、报表等。

3. 生产准备

试运投产前必须确保全线的管道安装正确、检查合格，所有设备安装、调试正常。投产还必须在油品的供、销环节得到落实的前提下进行。消防、供电、供热、供水及排水等需依托的，投产前应与依托单位完成依托协议的签订，以保障投产的顺利进行。

4. 物质准备

备齐备足各岗位必需的工具、备用物品和备用零部件。准备足够的用于加热炉的燃料油、车用油料及投产用车辆。安排好投产人员的食宿、医疗卫生保障条件。准备好投产用水源及排放场地、含油污水的处理措施。

5. 抢修准备

根据投产需要组织若干抢修队，部署于重要地点待命。配备必要的抢修装备和抢修手段，以应付可能出现的故障和事故。

（三）投产方案的编制

投产方案作为工程投产的总体思路与具体要求，确定了投产期间各级组织机构人员与职责，明确了工程投产应完成的基本项目和生产准备要达到的基本条件；同时对投产所涉及的主要运行设备及相关辅助系统的检查提出明确要求，并对投产的具体操作步骤与工艺参数控制等方面的内容进行了详细规定。本节以新建管道投产为例，介绍了投产方案编制的主要方法及内容。

1. 编制管道投产方案前的准备工作

①收集基础设计、建设资料，做好前期准备工作。

②调查来油能力、炼厂加工处理能力及检修安排。

③调查投产用水源供水能力。

④调查沿线地温、气温情况。

⑤调查各站尤其是首末站的排水条件。

⑥调查输油设备性能和运行条件。

⑦调查各站加热设备状况、燃料油的准备、油源是否充分、运输手段、储油能力等。

⑧进行投产相关工艺计算，如投产水、管道系统存油的计算，对于加热输送管线，还需进行预热方式的确立和预热时间的估算，混油量估算以及各试运段的热力、水力计算等。

⑨准备和组织试运投产时需进行的试验、研究工作及需测取的资料数据。

2. 投产方案的主要内容

（1）总则

包括有关法律和规范、管道建设的安全与环境预评价、上级有关的文件和设计资料、原油物性及地温等自然条件、降凝剂评价结果、原油交接及供电、供水协议以及与投产相关的其他资料。

（2）项目概况

包括管道概况，储罐规模，如走向、穿（跨）越、工艺流程、主要设备以及自然条件等与试运投产有关的资料。

（3）投产组织机构及职责

明确投产组织机构及职责，并根据组织机构确定投产指挥工作流程。

（4）投产准备条件

包括工程应具备的条件，人员条件，安全条件，水电气准备，保驾、抢修准备，物资准备，资料准备（主要包括操作规程、规章制度、报表、记录等）、相关协议的签订，投产用水及投产用油等投产前必须具备的条件。

（5）投产实施程序

主要包括投产方式的确定，工艺流程的确定，投产前准备，投产步骤，主要参数测算，投产过程输量、温度、压力及变化趋势，投产开始后油头到达各站及管段时间，采用预热输送的预热时间、预热水量、油水混合总量，污水处理及排放，混油段处理，清管器跟踪监测等。

（6）投产期间 HSE 要求

包括投产人员的安全要求、投产期间的现场管理要求、现场操作要求、保驾队伍要求、健康保障要求及环保要求等。

（7）调度汇报程序及投产期间参数记录

包括调度的职责、调度汇报程序、运行参数及有关事件等。

（8）投产费用预算

投产费用包括投产期间消耗的电力等能源和物料费用、人工费用、保运费用、投产期间易耗配件费用、临时管线和临时措施费用等。

（9）附件

应附的附件包括输油管道走向图、输油站场（油库）平面布置图、输油站场（油库）工艺流程图、输油管道纵断面图、相关单位人员名单及联络电话，以及输油泵及阀门、储油罐、加热炉、SCADA 系统、计量系统、变电系统等单体设备投产方案。

3. 投产方案的讨论、修改及报批。

投产方案编制完成后，召集相关专业部门及有关单位参加的内审会议，对投产方案进行商讨、修改，并报上级主管部门审批备案。

二、投产试运

管道在由竣工转入正式输油之前，必须经过投产试运阶段。投产试运的任务是在各个单项工程质量检查合格，单机通过运转检验，并做必要的调整的基础上，对管道工程各个系统进行正式运转前的综合动态检验，创造管道正式输油的条件。

投产试运是施工与生产的过渡阶段，对于管道能否顺利投产影响很大。它需要事先制定周密的符合实际情况的方案，由生产、施工与设计等方面配合，在统一领导下进行。下面介绍原油管道的投产过程。

（一）水联运

水联运是为了检验新建整个管道系统输油设备设施的技术性能、自动调节系统的灵敏性和管道系统运行的可靠性，检查设备缺陷，及时发现存在的问题并进行整改，降低投产期间可能发生的管道破裂、输油设备故障造成的跑油风险，为管道正式投油做好充足的准备，确保管道的一次性投产成功。本节主要阐述水联运定义、水联运特点和投产过程控制要点。

1. 水联运定义

水联运一般分为全线水联运投油和部分充水投油两种投油方式，整个投产过程分成充水排气、油顶水、试运行三个阶段，如需加热输送，应在充水阶段进行管道预热。

全线水联运投油指被输送介质（原油）进入管道前先将管道内全部充满清水，并在此期间进行全线水联运投油；部分充水投油指被输送介质（原油）进入管道前充入部分清水，随后进行油顶水投油。

2. 水联运特点

水联运因能够及时发现存在的问题并进行整改，降低投产期间可能发生的管道破裂、输油设备故障造成的跑油风险而被广泛使用。其中全线水联运这种方式前期准备工作量大，要求沿线首站或中间站水源充足，中间站和末站污水接收和处理能力强，特别对于沿线高差比较大的管道，难以保证水能够充满整个管道，管道内残留的气体难以排放干净。

部分充水这种方式只需首站储备一定数量的清洁水即可，沿线中间站和末站排水、接收污水处理能力也可大幅降低，所以，一般选择部分充水投油方式居多。

3. 水联运投产控制要点

（1）水资源确定

投产用水应为清洁水，因此靠近首站应具有投产所需的取水源，且首站具有一定容量的储罐进行储水。

（2）注水量确定

注水量的多少与沿线高差、阀室间距、管内残水、站场流程操作、设备单体试运时间长短、末站接收和处理污水能力等多因素有关；一般在首站储水能力足够的情况下重点考虑末站接收和处理污水能力。

（3）站场排气与排水

因管道内残留有大量的气体和不可估算的试压扫线后残留的污水，为降低末站的污水接收和处理难度，一般在中间站增加临时管线进行排气和排水，辅助增加收发球筒进行排气，为保证投产排气排水的顺利进行，需制定排气排水专项方案。

（4）清管器的选择

为降低混油段，一般在水隔离段的前端发送清管器进行气水隔离；在水隔离段的后端发送清管器进行油水隔离，且清管器必须携带跟踪器，以便人员进行跟踪，掌握运行情况。

（5）混油操作

根据投产运行工况和清管器实际运行速度测算油头到达末站的时间；在油头到达末站前 2h 开始进行连续监测，油头到站立即切换进混油罐；以后每 30min 进行一次含水化验或密度化验，对比首站原油含水或密度，进行是否进原油罐切换操作。

（6）不参与试运设备

调节阀、泄压阀、流量计等精密设备不参与水联运，投产时一般用旁通流程或安装临时短接流程代替，待原油质量较好、满足要求后再恢复进行试运。

4. 水联运检查要点及注意事项

（1）管线压力控制

水联运期间，管线运行压力不宜过高且应保证平稳，尽量维持在方案中规定的压力范围内，这样可以检验设备管线的运行情况，有利于跟踪清管器运行位置。

（2）单体设备运行

单体设备运行主要是指给油泵、输油泵的运行，要准备好给油泵、输油泵的机械密封等配件；除首站外的投产初期输油泵不宜进水，应保存输油泵的进出口阀关闭，待上站的清管器到站一段时间后，再开展输油泵进行灌泵等启泵前的准备工作，防止管内杂质进入输油泵堵塞设备，造成设备的损坏，同时试运后的输油泵要及时更换机械密封。

（3）设备、管线跑冒滴漏情况处置

设备、管线的跑冒滴漏是投产初期难以避免的，若出现，按照预先的处置方案进行处置，尽量减少对投产的影响。

（4）管线充水、排气

管线充水一般在首站完成，经过给油泵从储水罐内向管线注水，要严密监控储水罐内水液位、给油泵、输油泵的运行状况和出站流量。排气是水联运十分重要的环节，因此需要成立专门的领导小组，对各站的排气方式和临时管线安装等制定专项方案和处置预案，并在实施过程中要安排专人进行 24h 不间断监护，定时汇报排气排水情况，适当进行调节。

对于沿线地形复杂的管道，地势大起伏对投产的影响非常大，直接影响到投产过程中的管道充水、管道排气和设备联合试运。在实际管道注水过程中，空气进入充水管道的情况在所难免，尤其是地势大起伏管道，当水顶气翻越高点后，因流速突然变化管道内会出现不满管的情况，导致气体聚集在高点附近。此时一部分气体会被低洼处聚集的水密封在高点处，这一部分气体就是投产时所产生的管内气体，需及时排出。高点排气对管道能否顺利投产起到至关重要的作用，排气结果的好坏将会直接影响到投产过程中管道承压和设备的联合试运。因此，在投产过程中需特别注意管道的排气工作。

（5）杂质排放

管线内存在的污水和杂质一般在输油站排放和与计量末站相连的炼厂排放；在输油站排放的要进污水一体化系统，经沉淀、过滤等处理并检测合格后方可对外排放；在炼厂排放的要提前与炼厂沟通好，经炼厂处置后排放。

（二）常温管道投产

常温管道投产不像热油管道投产那样需要提前预热，因此在季节性选择上空间较大。本节主要阐述投产方式、投产过程控制，并进行实例介绍。

1. 常温管道投产方式

（1）空管投油

空管投油是国内外普遍采取的投产方式。管道投产前，先向管道内注入一定量氮气保护油头，防止形成大量静电，降低排气风险，油头和氮气之间采用清管器隔离，待油头过后，在一定区段内油流基本稳定后，再在油－油界面之间发送第二个清管器，进一步确认管道内气体的排出情况，同时各输油站场进行收、发作业。

（2）水联运投油

水联运投油是在管道投产前，向管内注入清水进行水联运，然后向管内输油进行油顶水。在注入清水的前端发送清管器进行气水隔离；在注入清水的后端发送清管器进行油水隔离，降低混油段。一般采取站站排气方式，辅助收、发球筒进行排气。

2. 两种投产方式优缺点对比

空管投油和水联运投油是比较常用的两种投产方式，各有优缺点。两种投产方式优缺点的对比分析见表4-1。

表4-1　投产方式优缺点对比表

序　号	优　点	缺　点
空管投油	简单、直接；投产成本低、周期短，发生故障可以停输处理，不会发生管道冻胀事故；可节约大量清洁水资源，适合我国西北缺少水源资源的管道投产	设备单体试运风险增加，发生油品泄漏处置难度大
水联运投油	降低投产期间跑油风险，进一步冲洗管道，能较好检查设备性能，可充分进行设备试运，自控系统调试，发生泄漏容易处置	首站需大量储水或全线需多点储水，排水、污水受限；增加充水长度成本，投产周期较长，投产过程较复杂，同时增加混油管段长度

3. 投产过程控制要点

常温管道的投产主要包括干线管道投油、站内设备单体试运等环节，关键环节是投产过程中的输量调节、清管发送与跟踪、全程排气、混油段操作等。

（1）输量的控制

投产过程中输量控制非常重要，因管内残留大量的气体、水等混合物，输量尽量采取较低输量为宜，但是过小又影响输油泵的运行，因此采取需要满足输油泵正常运行的较低输量，一般根据输油泵的特性曲线选择输量。

（2）排气

排气是管道投产必不可少的程序，因管内"气体弹簧"形成阻力，故排气效果的好坏对输油设备设施有重要的影响。投产过程中一般采取连接临时管线站站排气的方式；经常还依托炼化企业进行最后的排气和含油、气、水等多种混合物的处理。在实际操作中，排气过程要缓慢，尤其是收、发球作业时气体一定要排放干净，防止收发球及其附属设施的损坏。

（3）水联运投油方式投产时气－水界面清管器发送时机的选择

在气－水界面发送清管器的目的通常是确定水头的位置，并推出管道气体和滞留在管道内部杂质。要综合考虑站间距、高程差、水头位置等因素，尤其保证清管器的跟踪准确，从而合理确定（气水）清管器的发送时间。一般在水头到站前几个小时（气水）将清管器装入发球筒，并完成发球筒的排气工作，待上站清管器到站后，立即发送本站的清管器，这就要求具有很好的操作衔接性。

4. 常温管道的投产举例

实例1：新建某段管道32km，启点是中间分输站，终点是某炼化企业；这种管道距离较短，摩阻损失小，可以考虑利用上站余压采取空管直接投油方式。投产程序如下：

①某炼化企业导通临时排气、排水流程。

②末站导通来油收球流程，注意要经过临时短接。

③某中间分输站导通相关流程，除与干线联通阀门外。

④接到开始投油指令后，开启发球筒排气阀，缓慢开阀，对站内管网和发球筒进行排气，注意控制阀门开度，采取现场手动操作，防止开阀瞬间新管道抢量造成干线甩泵、新管道进油速度过快。

⑤排气结束后，发送清管器，要注意控制流量，确认清管器发出后，中间分输站将新管道发球流程切换为全越站流程，根据调度中心指令，调整新管道压力和输量，在控制流量过程中，一定要注意确保分输站干线汇管压力高于低报警值。

⑥炼化企业在清管器到达末站前或临时排水管线见油花后，打开进罐阀门，关闭临时管线的排放阀，管道内的混油进入炼化企业准备接收混油的储罐内。

⑦末站在确认收到清管器1h后，将收球流程切换为来油计量（通过临时短接）流程。

⑧末站组织人员打开收球筒，取出清管球，并将清管球的磨损情况及时上报生产调度组。

⑨末站在确认收到清管器后，切换为正常收油计量流程。

⑩根据调度中心调整新管道的输油量分配，投产正常后进行单机试运。

实例2：新建某段管道563km，沿途设置1个首站，2个末站，4个中间分输站；这种管道距离长，摩阻损失大，可以考虑采取首站注水后油顶水投油方式。

投产程序如下：待投产准备工作结束后，投产小组下达全线投产指令前，各站导通临时排气流程。因各中间分输站操作类似，这里仅介绍一个中间分输站操作和一个末站操作。

某中间分输站操作：

①导通临时排气流程（注意，这时向下站输油流程是通的）。

②排气结束后，关闭临时排气阀。

③上站发送的清管器（气水隔离球）到达本站后，先切为正输流程，然后组织人员打开收球筒，取出清管器（气水隔离球），并将清管器的磨损情况及时上报。

④取出清管器（气水隔离球）后，本站再次切换为正输收球流程；

⑤清管器（油水隔离球）到达距本站21km（约6h）时，本站将球装入发球筒。

⑥清管器（油水隔离球）到达本站后切换成正输发球流程，向下站方向发出球。

⑦发出球后，打开收球筒，取出清管器（油水隔离球），并将球的磨损情况及时上报。

⑧确认发出球（油水隔离球）1h后，本站恢复干线正输流程。

⑨油头到站3h后，调节阀旁通改为调节阀过油。

⑩根据输量、压力参数情况，实施启运输油泵。

某末站操作：

①接到投产指令后，末站导通临时短接收球流程。

②待球（气水隔离球）到达末站收球筒后，切换为正输临时短接流程，迅速组织人员打开收球筒，取出球，并将清管器的磨损情况及时上报。

③球取出后，末站再次切换为收球临时短接流程，待球（油水隔离球）到收球筒后2h（或含水、密度化验合格，一般半小时化验一次）后，切换为正常收油计量流程，并组织人员打开收球筒，取出球（油水隔离球），并将球的磨损情况及时上报。

④炼化企业在末站切换为正常收油计量流程后，将来油切进正常生产油罐内。

在生产调度组的安排下，进行各站其他设备和工况的联合试运。

单体设备投运主要包括输油泵、阀门、储罐等设备设施投运，详见站库投产，这里不作介绍。

（三）热油管道投产

热油管道的投产过程是土壤蓄热、温度场逐渐建立的过程。本节主要阐述了热油管道投产检查、启动过程、启动方式、混油的处理、投产的程序及技术要求。

1. 投产前检查

热油管道投产前应对全线站场设备设施、线路及其附属设施进行检查，确认状态完好，重点做好热工设备、热力及工艺管网、外管道穿跨越段等的检查工作。

站场热工设备设施的检查主要包括：①检查加热炉、锅炉及附属设施运转是否良好，整体状况是否正常；②检查站内工艺管网状况是否正常，重点是进出炉管线、架空管线、出站管线等，管线支架、管托滑动是否正常，是否存在弯曲、变形、保温层脱落等问题；③检查热力管网状况是否正常，重点是架空管线及其热补偿器等，管线支架、管托滑动是否正常，是否存在弯曲、变形、保温层脱落等问题。

外管道及其附属设施的检查主要包括：①检查出站温度是否低于设计值，避免对外管道防腐层造成破坏；②探测外管道位置，是否存在弯曲、变形、位移等问题；③检查管线穿、跨越段是否运行正常，是否存在弯曲、变形等问题。

2. 埋地热油管道的启动过程

热油管道的投产过程是土壤蓄热、温度场逐渐建立的过程。当各部分土壤往外传递的热量相等时，管道周围土壤中就建立起稳定的温度场。由于土壤导热系数小、热容量大的特点，温度场接近稳定需要相当长的时间。

3. 热油管道启动投产方式

（1）冷管直接启动

管道不经预热直接输送热油的方式称为冷管直接启动。冷管直接投油节省投产费用及时间，但不够安全，一般只在较短管道、土壤温度较高的季节，经计算确认热力和水力条件有充分保障的前提下才使用。

（2）预热启动

热油管道输送的都是易凝高黏原油或油品。为了保证投产顺利进行，避免凝管事故的发生，长输热油管道启动时常需采用预热措施。水的比热容较大，黏度、凝固点比原油低，很适用于作预热介质，常采用往返输送热水的方法预热管道。宜将管道的预热与加热炉相结合，但出站温度不能过高，否则会引起管道过大的热应力或破坏防腐层。

（3）原油加稀释剂或降凝剂启动

通过添加稀释剂或降凝剂，降低原油的凝点和黏度，降凝降黏效果足够好时，可以直接投油。通过降凝降黏，缩短预热时间，提高投产的安全性。

（4）低凝、低黏进口原油启动

可利用管网优势，采用低凝、低黏进口原油进行管线预热启动，待管线温度场建立稳定后，通过配比输送，逐渐由低凝、低黏进口原油替代为正常输送原油。此启动方式可节约大量预热用水，避免油水混合，避免环境污染，具有安全、有效、环保的优势。

4. 热油管道的预热启动

管道预热的目的是往土壤中蓄入一定热量，使投油时管道散热减少、管道终点油温不致过低。采用预热启动方式时需要解决什么条件下可以投油的问题，通常要求投油时终点油温高于原油凝点。

（1）土壤蓄热量

在多次管道投产预热过程中，连续测量了管外围水平轴线上的土壤温度分布，由此计算了管外厚度等于埋深的环形土层的蓄热量增加过程。

图4-1中的数据表明，在夏秋季投产时，预热过程进行到厚为 $h_t - R_w$（h_t 为管道埋深，R_w 为外管半径）的环形土层蓄热量达到稳定蓄热量的 35% ~ 50% 时即可投油。此时 K' 值约为 3.2 ~ 4 W/(m² · ℃)。

（2）混油段的处理

混油量与投油时的流速、油水密度差、沿线地形情况、经过的泵站数等有关。由于油水密度差较大，其混油量比两种性质相近的油品顺序输送时大很多。为了减少混油，可在油水交替过程中发放隔离球。

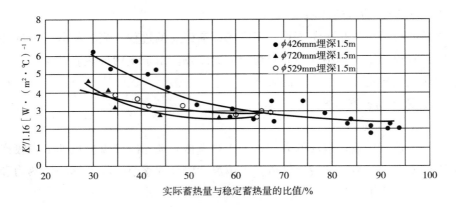

图 4-1 实际蓄热量与稳定蓄热量的比值与 K' 的关系

5. 投产技术要求

投产方式根据管道设备配置、管输原油物性、管道沿线地温、管道敷设状况及社会依托情况确定。当原油凝点低于投产期间管道沿线地温时,可直接投油;若原油加降凝剂改性处理后,凝点低于投产期间管道沿线地温 5℃,可直接投油。

采用降凝剂改性方式投油时,应提前对原油的降凝剂改性效果进行试验评价。投油时应在各站检测原油的凝点和黏度。

采用热水预热方式投油时,运行参数应控制在允许范围内。采用热水正输预热方式投产时,宜按工艺条件允许的最大排量输送,热水输送总量应不少于最大加热站间管容量。

投产时油水混合物切换进混油罐,进行油水分离。分离出的污水应进行处理,达到规定的排放标准方可向外排放。

6. 热油管道的投产举例

某管线城区占压改线段在 11# 站~13# 站间,改线后管道长约 18km,长度增加 3km。新建管线投产时间为 6 月下旬,地温约 22.5℃,投产方式采用正输高温、高输量预热后,反输直接投油的方式,投产用油为低凝仪长油(凝点为 -10℃)。投产过程:正输预热—反输预热—边反输边新建管线进油—继续反输完成新建管线内原油加热—正输预热直至下站进站温度恢复正常。

新建管线投产前,管线提量,11# 站出站温度 70℃,预热站间管段,时间约 2 天。正输预热完成后,反输运行,继续预热站间管段。确认原油越过南封堵点后,新建管线进油,控制新建管线进油量在 1000 吨/天左右,原管线输量在 3000 吨/天左右,确认新建管线充油完成后,新建管线投入运行,继续反输运行直至新建管线内原油全部经 11# 站加热完成。管线切换为正输运行,11# 站出站温度 70℃,继续对新建管线进行预热,运行约 5 天后,13# 站进站温度恢复正常,全线温度、压力、输量恢复正常。

新建管线投产前,站间压差为 0.11MPa,投产过程中及投产后,站间压差维持在 0.07MPa 左右,管线水力状况良好。新建管线投产后,经过约 5 天的运行,投产段日平均 K 值由最高 5.514W/(m²·℃) 降至 3.855W/(m²·℃),下站进站温度由最低 28.5℃逐渐升高至33.5℃，管线热力状况恢复正常。

（四）站库投产

1. 储罐投油

一般原油码头进库和进罐管道距离较短，管内空气和未排净水较少，无法单独排放。在投产时不再专门安装临时管道向外排放，管道内的水、空气随进口原油先进罐、沉淀，然后再脱水排放。投产期间的混油罐经沉淀后进行脱水，脱水结束后对该罐取样化验，其含水合格后，即可作为生产油罐投入运行。

储罐投油分两类方式，一类是直接卸船进罐，另一类是库内倒罐。

（1）直接卸船进罐

站库初次投油时，一般采用直接卸船进罐的方式。油轮启动卸船泵，通过码头输油臂和两根卸船管道，卸油直接进站库储油罐。投油步骤一般为：

① 根据作业计划编制卸油进罐方案。

② 码头调度安排商检。

③ 导通罐区的收油流程。

④ 调度人员确认站库、码头、油轮流程切换完成并无误后，下达调度指令。

⑤ 站库调度通知码头调度开始卸油。

（2）库内倒罐

在站库内部分储罐已投油的情况下，可采取库内倒罐的方式对其他空罐进行投油。一般先通过进罐汇管采取储罐静压的方式将高罐位原油压至空罐，再根据油罐的液位高低情况启动倒罐泵继续倒油。

（3）参数控制

参数控制应满足国家标准、行业标准及企业标准的相关要求。

以某油库储罐为例：浮顶油罐在低液位（浮船浮起以后至3m以下）进出油期间，进油的单位流量控制确保不出现大量的油气从通气阀孔或一、二次密封缝隙处泄漏。进出油管内油流控制速度不宜大于表4-2中的规定。

表4-2 浮顶油罐进出油控制速度（参考）

油罐容量/m³	15×10^4	10×10^4	5×10^4	2×10^4	1×10^4
液位升降速度/（m/h）	0.33	0.58	0.78	1.40	1.60
单位流量/（m³/h）	2930	2930	2190	1760	1020

浮顶油罐罐位在3m以上、安全罐位上限以下运行时，进出油管流速宜控制不大于4m/s。容量在10×10^4m³及以上的油罐装卸油时，单位流量宜控制在5500m³/h以下。

2. 站库内管线及泵机组充油排气

给油泵和输油泵投产前，必须对站库内管线进行充油排气，以保证投产初期管线平稳和泵机组的正常运行。

一般利用高罐位自压方式对储油罐至给油泵之间的管线及给油泵进行充油排气，排气完成后启动给油泵对给油泵至外输泵之间的管线及外输泵进行充油排气。充油排气时，应缓慢开启高罐位储罐罐前阀并控制开度，以便控制排气速度，保证排气安全、彻底。

管线充油排气时，利用管线高点的排气阀进行排气。一般需要在排气阀后端加装短管引至地面油桶或其他容器，以免原油喷出污染地面。排气阀开度不宜过大，应安排专人佩戴可燃气体和硫化氢检测仪，并采取必要的安全防护措施（如防毒面具、正压式空气呼吸器等）现场值守和持续观察。从排气阀排出原油后，立即关闭排气阀。为了保证将管线内的空气排净，一般需要间歇性重复开关排气阀，如果每次排气阀都立即排出原油，则意味着管线排气完成。

泵机组排气时，一般首先从泵前过滤器顶端排气阀开始排气，过滤器排气完成后，再打开泵顶端排气管线和阀门，对泵机组进行排气。泵机组排气时，应同时用盘车器周期性地进行盘车，以保证泵机组排气彻底。一般泵机组的顶端排气、底端排空和机械密封污油管线为同一汇管，为避免排气时原油带压反顶至其他泵的机械密封污油盒，泵机组排气时应将本泵和其他泵的机械密封污油管线控制阀门关闭。泵机组排气时，应派专人监视污油罐的液位，液位较高时及时启动污油泵降低污油罐液位。

3. 启泵投产

（1）机泵投产前检查

机泵投产前，应严格按照标准规范和技术手册的要求进行严格检查。检查主要项目可参照表4-3。

表4-3 机泵投产前检查确认表

序号	检查部位	检查标准	检查人	确认人
1	地角螺栓	齐全、无松动		
2	泵基础	泵基础无开裂或破损		
3	电机接地线	齐全、无松动		
4	操作柱	开关标志明显、保护盒完好		
5	电流表	有限流标志，零点位置正确，玻璃面明亮清晰		
6	电缆	护管密封严，接线盒把紧表面无损伤		
7	联轴器	联轴器螺栓把紧，防护罩齐全		
8	润滑油箱	油位在油标1/2~2/3处，油品无杂质、无乳化		
9	压力表	量程合适，刻度清晰，有安全红线，出口压力表朝向出口阀门，入口压力值满足启动要求		
10	铭牌	电机、泵铭牌清楚		
11	排空阀	排空阀灵活好用、无泄漏		
12	出入口管线	齐全、无松动、无泄漏		
13	环境	泵体、地面清洁，无杂物、无油污，地漏畅通		
14	过滤器	运行正常、无泄漏		

续表

序号	检查部位	检查标准	检查人	确认人
15	工艺号	工艺编号标清		
16	压力变送器	指示正常、无泄漏		
17	密封系统	运行正常、无泄漏；机械密封的固定板是否旋出		
18	电机	运行正常、无杂音，测温设施完好、注油嘴齐全		
19	保温	泵体、出入口保温完好，无破坏、无变形		

（2）机泵试运期间重点监视参数

泵机组在试运期间，应该特别注意进出口压力、排量、振动、径向滑动轴承和轴向止推轴承声音和温度、机械密封温度、电机三相定子温度等参数；尤其是轴承声音和温度以及机械密封温度及是否泄漏需要特别注意，对温度较高、轴承异响、机械密封泄漏等问题必须进行研究和分析，必要时应立即倒泵后现场维修。

4. 加热设备的投产

（1）投产前检查

①加热炉投产前应组织人员对加热炉本体、附属工艺管线、燃烧器、仪表自控系统等进行全面检查，具体执行加热炉单体技术手册和试运方案。

②换热器投产前应组织人员对换热器本体、混凝土基础、附属工艺管线、测温测压仪表、冷凝水含油监控措施等进行全面检查，具体执行换热器单体技术手册和试运方案。

（2）运行中的检查

①加热炉的检查重点：

a. 辐射管不应有弯曲、脱皮、鼓包、变色、过热等异常现象。

b. 炉内耐火衬里无脱落、破损，炉体外表面无局部过热、表面温度不超标。

c. 燃烧器雾化良好，火焰明亮，烟囱不冒黑烟。

d. 火焰长度在炉膛 1/3 ～ 2/3 之间，不偏烧，不舔管。

e. 燃烧器电加热器运行正常，加热温度控制正常。

f. 燃烧器风机运行正常，无异常振动、响声，风机风压能满足燃烧器要求。

g. 燃料油泵、加压泵运转正常，无异常振动、响声，加压泵压力能满足燃烧器要求。

h. 各管线、阀门连接良好，无渗漏现象。

i. 控制仪表、监视仪表工作正常。

j. 加热炉各孔、门严密。

k. 燃料油罐液位在正常范围内，电加热器运行正常，管线电伴热工作正常。

l. 加热炉烟道挡板调节灵活，炉膛负压控制在 -20 ～ -40Pa 之间。

m. 加热炉不超温超压运行，出炉温度符合工艺要求。

n. 加热炉两管程温差不超过 3℃。

②换热器的检查重点

a. 换热器管、壳程流体的温度、压力是否在规定范围内。

b. 换热器管线上的压力仪表、温度仪表、流量计量仪表等指示是否正确，接头有无渗漏。

c. 高温、低温流体是否串通。根据流体类别不同，采用不同的判断方法：当低温流体为原油、高温流体为蒸汽时，应观察蒸汽冷凝水池（罐）水面是否有油花；当低温流体为原油、高温流体为导热油或热水时，应通过高温流体管线上的排放阀进行观察，必要时进行化验确认。

5. 投产期间应特别注意的事项

①工艺操作应遵循"先开后关、缓开缓关，先导通低压再导通高压，防止憋压"的操作原则。

②设备启停必须严格执行相关操作规程。一般情况下，机泵运行 72h 后，应倒为备用泵，直至所有新建机泵运行正常。对投产初期发现的问题应及时处理。

③在投产初期，由于新投用的管道内存有空气，短时间内不一定能全部排除，因此，沿线站库对初次参加运行的设备要加密巡检，出现异常情况及时处理和汇报。

④首站启输后应及时记录外输总量并计算油头到达时间；油头到达末站，全线及各站库生产运行正常后，进行其他新建设备的试运工作。

⑤投产初期应加强对储存和外输原油的凝点、黏度等物性的监测。

⑥投产期间站库区应严格实施封闭化管理，无关人员禁止进入，除站库有操作证的人员有权按照调度命令操作设备外，其余人员均不得擅动设备。

第二节 运 行 管 理

一、常温管道运行管理

（一）管道运行参数的确定

输油管道关键运行参数有压力、温度、介质流速（流量）以及停输时间。本节对适用于常温管道和热油管道的相关运行参数的确定原则进行介绍，对于热输管道特有的控制参数确定原则将在下一节重点介绍。对于已确定的运行参数，如确需进行调整，应严格按照企业变更管理程序执行。

1. 运行压力

（1）允许运行压力

受地形地质条件的约束，一条管道在沿线不同的地段，其承压和壁厚也有所不同，所以在管道的输油运行中要求应精细操作，保证在管道系统中的任一点的最大稳态运行压力及管道处于静止状态下的静压力，不超过管道在该点的设计压力和所装构件的设计压力。

对于进出站压力等级不同的输油站，还应确定管道运行最高出站压力和最高进站压力。

输油管道最低允许运行压力应综合考虑输送介质的饱和蒸气压、管道沿线地形起伏情况、增压设备允许的最小吸入压力等确定，确保管道保持连续满管状态。

（2）运行控制及报警压力

稳态运行工况下，原油管道运行压力不应超过设备、管道的最大允许运行压力［Maximum Allowable Operating Pressure（MAOP）最大允许运行压力指油气管道处于水力稳态工况时允许到达的最高压力，等于或小于设计压力］；瞬态工况（水击等）下，运行压力不应超过设备、管道最大允许运行压力的 1.1 倍。

泄压压力值应根据水击瞬态分析计算和管道的实际状况确定；出站报警压力设定值应低于管道最大允许运行压力；进站报警压力设定值应高于最低进站压力，低于最高进站压力；输油站压力调节系统的设定值应根据管道输油方案和安全要求来确定。

以某原油管道为例，外管道设计压力为 8.5MPa，中间站场进站端设计压力为 6.4MPa，为确保运行压力满足上述条件，在进站及出站设置多级压力报警和联锁保护，其中：出站压力保护从低到高依次设置调节阀起调、高报警、高压泄压、顺序停泵、全跳泵，其值分别为 8.0MPa、8.2MPa、8.3MPa、8.4MPa、8.5MPa；进站压力保护从低到高依次设置高报警、进站泄压、水击触发，其值分别为 5.6MPa、5.8MPa、6.0MPa。

（3）有关要求

① 根据管道状况的变化，当某一管段管道频繁发生泄漏（如焊缝开裂、腐蚀穿孔等）跑油事故或此管段管道受地质灾害及洪水的威胁较为严重时，应及时调整管道最大允许运行压力值。

② 如果管道系统以通过降低运行压力来代替修理或代替更换管道构件时，应按要求确定新的最大允许运行压力。

③ 对于采用已停用或废止的标准或技术条件的材料建成的现有管道系统，应采用在施工初期实际上所依据的有关规范或技术条件所列出的许用应力和设计准则确定设计压力。

2. 运行温度

（1）管线运行温度

对于常温输送管道，原油的凝点应低于同期管道沿线最低地温5℃以上。管道运行温度不应超过设计温度，设计温度应根据管道防腐层、管材、管件、设备、密封材料以及沿线地质情况和环境温度等来确定。

（2）原油库区储存温度

为防止储罐原油发生冻凝事故，储存高凝点原油库区储罐及罐区工艺管线应设有保温伴热设施。

对于凝点高于大气环境温度的油品，原油进库温度及最低储油温度应高于所储油品凝点以上3℃，最高储油温度应低于所储油品初馏点5℃，并在油罐防腐和保温材料允许温度范围内，一般不宜超过50℃。

对于凝点低于大气环境温度的油品，宜常温储存；若大气环境温度低于0℃，应采取措施防止储油罐内析水冻冰及排污阀、排水管或排水阀冻裂。

3. 介质流速

对于常温输送管道，其允许最低输量应大于输油设备（输油泵等）的最低允许输量。

通常来说，一条输油管道正常运行时应在经济流速范围内运行，经济流速的取值取决于油品的黏度和管径。一般，油品黏度越大，经济流速越低；而管径增大，经济流速也随之变大。目前行业内推荐的输油管道经济流速范围为1.0～2.5m/s。

为防止油流速度过高产生静电或对设备本体造成冲击破坏，输油管道站场工艺管线、油品装卸车（船）鹤管内允许的油品流速应根据油品导电性、管径等参数进行分析确定。输油管道储罐、工艺管线首次或检修后进油时，也应控制油品流速。

4. 常温输送管道的停输时间

常温输送管道在停输前，其管道内原油的凝点应低于该管段停输期间沿线极端地温5℃以上。

对于常温输送管道：

①当密度差别较大的原油采用顺序输送方式时，若管线长时间处于事故停输状态，特别是如果地形崎岖不平，且高密度油品处于斜坡的高处，而低密度油品处于斜坡的低处时，将大量增加混油量。另外，如果混油段的停输发生在大口径水平管道上，混油量也会有明显增加。

②当凝点和黏度等物性差别较大的原油采用掺混输送方式、以实现混油常温输送时，在管线发生事故性停输的情况下，需要考虑不同物性原油静置分层对管线再启动的影响。因此常温输送管道也需要根据管道地温情况、管道运行工况、油品物性等因素，确定允许安全停输时间。

（二）管道工况分析与调节

"从泵到泵"运行的等温输油管道，除了由于季节变化、所输油品种类改变使油品黏度改变而引起全线工况变化外，根据供、销的需要，有计划地调整输量，以及输油管道沿线间歇分油或收油，也会导致全线工况变化。运行中发生的各种故障，如电力供应中断使某中间站停运，机泵故障使某台泵机组停运，阀门开关错误或管道某处堵塞、漏油等也会引起流量及各站进出站压力的变化，甚至使某些运行参数超过允许范围。为了维持继续输送，必须对各站进行调节，以保证完成输油任务，实现安全、经济的运行，降低输油成本。长距离输油管道调节的目的在于：

①输油站－管道系统的流量，必须保证完成所要求的输油量；

②输油站的排出压力和吸入压力在允许的安全范围之内；

③原动机－泵机组的工作点在最高效率区内。

输油管道的调节，实质上是人为地变更泵站的工作点，也就是改变某些站的能量供应情况，或是改变某站间管道的能量消耗，来满足生产的需要。

1. 工况分析

（1）密闭输油管线的工况分析

① 某中间站停运后的工况变化

密闭输油管道运行时，当某中间站设备停运后，全线输量下降。

停运站进、出站压力呈相反变化：停运站进站压力和上游各站进、出站压力均升高，且距停运站愈远，压力变化的幅度愈小；停运站出站压力和下游各站进、出站压力均下降，且距停运站愈远，压力变化的幅度愈小。

中间站设备停运后，上游管道压力上升，沿程摩阻增加，此时上游各站水力坡降线均变化到原坡降线的上方。下游管道压力下降，沿程摩阻减小，此时下游各站水力坡降线均变化到原坡降线的下方。

② 间歇分输的工况变化

运行中的长输管道，有时需要从输油管分出部分油以供给管道沿线用户，这就是分输。分输可能是不间断的，也可能是间歇的。分输不间断的输油管可以分输站为界，分段进行工艺计算。对于间歇分输的输油管，由于输油工况要发生变化，在计算时，必须考虑分输引起的工况变化。

干线分输后，分输点前面输量变大，分输点后面输量减少；且全线各站进出站压力都下降，距分输点越近的站，压力下降的幅度越大。长输管道运行过程中，管道发生泄漏情况时，其工况变化和分输的工况变化是一样的，运行人员对这种变化应高度重视。

③ 间歇接油工况

有时输油管有可能接收其通过地区附近油田的油。根据油田的产量，接油可能是不间断的，也可能是间歇的。接油不间断的输油管，可以接油站为界，分段进行工艺计算。对于间歇接油的输油管，在计算时必须考虑接油引起的工况变化。

接油时，全线压力均增加，距离该接油点越远，压力的增加越小。但接油点前后输量变化相反，接油点前输量下降，接油点后输量上升。

④ 输油管道的工况变化

第一，管道正常输油时，各泵的特性曲线和管道特性曲线的交点为全线的工作点，其对应的流量 Q 是各泵站的流量，对应的压头为全线总压头。其工作特点为：

a. 除末站外，其余各站的出站压头曲线与站间管道特性曲线交点的横坐标，必须在全线工作流量之右，这样才能保证下一站正压进泵，而在末站则二者刚好重合。

b. 各站的进口压力不仅随相邻的上站泵站特性及站间管道特性的变化而变化，而且还随全线的输量改变而改变。对某一站间而言，若其泵站特性和站间管道特性保持不变，当因下游站故障而引起输量下降时，该站的进口压力将升高。

c. 由于全线输量改变而引起各站进出口压力变化的幅度，因各站的管道特性及泵站特性的陡度而不同。管道特性及泵站特性相对陡的站间，其进出口压力变化较大。

第二，当首站由于电力系统发生故障或叶轮磨蚀导致出力不足时，首站出站压力下降，全线输量减少，但后面正常工作泵站的输油泵输出压力有所增高。由于首站压头下降在过程中是主导因素，管道所消耗的摩阻减少，全线压力下降，此时应注意下面泵站油泵的入口压力，防止因压力太低发生气蚀现象，破坏泵站的正常工作。

第三，当首站工作正常，中间站出力不足情况发生时，全线输量降低，由于工作正常的第一输油站特性曲线和管道特性曲线都没有变，所以第二站的进口压头曲线也没有变。但由于全线输量下降，故上游正常工作的站场工作压力上升，因而发生故障的输油站进口压力也上升。此时应注意故障站场的进站压力，当进站压力大于最大允许值时，将造成该站泵机组吸入端的过滤器或阀门垫片刺破或泵的入口泄漏等事故，站外管线可能发生泄漏事故等意外情况。

由此可见，当某泵机组出力不足时，将会引起该站进口压力上升和出站压力下降。当压力波动值超过允许范围时，必须采取措施排除故障，或调整各站工作参数，以保证全线正常工作。

第四，长输管道运行过程中，有时因管道清管、施工而造成管线堵塞事故的发生，虽然这种现象极少发生，但带来的危害却是非常严重的。当运行管线发生堵塞情况时，堵塞点上游管线压力上升，管道特性曲线变陡，而使全线总的管道特性曲线变陡，全线输量下降，当压力超过设备允许压力时，可能造成设备损坏；或者因压力过高超过管子允许强度而引起泄漏事故发生。而堵塞点下游压力下降，当下游各站进站压力小于最小允许值时，输油泵会有气蚀现象发生。

为防止上述事故发生，管道施工、扫线时，工程项目负责方应详细制定施工方案，准确计算管道结蜡状况，保证管线安全、平稳输油。

2. 工况调节方式

输油管道在正常输送时，全线基本处于稳定运行状态。各站进、出站压力在允许范围内，各站设备、全线水力效率均应处于相对最佳条件。当有计划改变输量或因某种故障引起输量变化时，管道的能量供需发生变化。对于装备离心泵的管道系统，输量减小，输油泵的扬程会增加，而管道的摩阻损失会减少；输量增大，变化趋势相反。为了维持管道的稳定运行，就需要对管道系统进行调节，这里主要介绍原油管道运行参数调节。

（1）压力调节

①调节原则

a. 压力调节原则应保证压力平稳、匹配均衡和减少节流。

b. 进站压力应低于站内与油流相同管道设施、设备的最高允许压力。并且进站压力应满足输油泵入口所需的压力值。

c. 原油运行时，各输油站管道的出站压力，不能高于该管段规定的最高允许压力，因管道运行特殊需要，其运行压力需超过规定值时，管道运行管理单位应编制应急预案，报上级有关单位审批后方可实施。

② 调节方式

a. 泵出口阀调节

旁接油罐输送方式下，各输油站互为独立的水力系统，各站的泵机组一般采取并联工艺，离心泵的调节均采用调节泵出口阀开度，达到需要的出站压力。这种调节方式操作灵活，容易实现压力的调节，但存在节流现象，浪费电能。

这种运行方式下，各输油站输量受输量最小站控制，当不同油品在各输油站间输送时，由于油品物性差异，各输油站间出站压力各不相同，当某个站节流较大时，应考虑压力越站运行，以达到节能目的，但输量不能低于管道规定的最低输量或输油泵机组最小稳定流量。

注意事项：当各站间油品物性差异较大时，为保障各站间输量均衡，各站出站压力也会有较大差异，当一条管线某站队泵节流较大时，应考虑压力越站运行，以减少节流，降低单耗。两台或多台泵并联运行时，应考虑扬程相近的各输油泵匹配在一起运行，以免发生小泵不出力现象。

实际案例：某输油站共有 7 台输油泵机组，现 3#、4#、7#输油机组运行，其中，3#、4#泵型号为 DY450 – 60 × 10，扬程 600m，排量 450m³/h；7#泵型号为 DY280 – 65 × 6，扬程 390m，排量 280m³/h。运行中，值班员发现 7#泵泵压为 3.9MPa，出站压力为 4.0MPa，此时的出站压力比 7#泵泵压还高，应及时将 7#泵停运。

b. 改变转速调节法

离心泵的 $Q-H$、$Q-N$ 流量扬程曲线和效率曲线随着转速的变化而改变，用改变转速来调节离心泵的流量是最经济的。对离心泵流量变化频繁的工作场所，应用改变转速调节法最理想。

调节离心泵的转速，可以改变泵的工作特性，从而调节泵的排量和扬程。泵机组的调节措施可分为两类，一类是通过改变原动机的转速实现泵机组的调节，如离心泵的原动机为柴油机、内燃机时，其改变转速容易实现调节；另一类是当原动机采用交流电动机时，特别是大功率的电动机时，通过安装变频设备来改变原动机转速，达到调节功能，这种调节方式前期投资较大，同时也增加操作人员的工作量，但节能效果也非常明显。目前，在国内长输原油管道上，多采用变频设备对输油泵进行转速调节。

c. 换用（切削）离心泵的叶轮直径

在一定转速下，采用不同直径的叶轮，也可以得到不同的泵特性，但切削量不能太大，否则切削定律会失效，并且，这种叶轮切削法装配叶轮操作复杂，工作量大，仅适用于调整后的输量可维持时间比较长的情况。对多级泵，还可通过拆卸离心泵的级数达到调节的目的。

d. 减阻剂调节

长输管道为提高输量，常常采用添加减阻剂方法来降低出站压力，达到提高输量的目的。在输量不变的情况下，添加减阻剂可以减少管道的阻力，大幅降低管道的沿程摩阻损失。运行调节有较大的灵活性，压力下降后，通过提高出站压力，达到需要的管道流量，起到增输的作用。合理使用减阻剂，既可以实现减阻，又可以实现增输，降低管道压力，提高管道安全运行可靠性，对长输管道工况调节和安全运行均起到积极的作用。

注意事项：减阻剂经过泵剪切后将改变减阻剂分子的组成，破坏减阻效果，继续减阻还要重新添加减阻剂，这将增加管道输送成本。同时，减阻剂添加要保证连续、稳定，这对减阻剂质量有较高要求。

实际案例：某站队运行中发现出站压力持续上升，检查发现由于减阻剂质量原因，注剂泵没有正常注入减阻剂，对注剂泵清洗维修后，及时将减阻剂再次注入，压力逐渐恢复正常。

（2）流量调节

① 调节方式

在实际生产中，因生产条件的变化，需要对输油流量进行调节，以满足生产要求，流量调节大致有以下几种。

a. 改变泵出口阀开度调节

就是通过调节泵出口阀的开度变化，人为改变管路的特性曲线，以达到控制流量的目的，即我们常说的节流法调节。采用该方法调节时，有一部分高品位能变成低品位能，因此，从能源的合理利用上讲，该调节法是不经济的，但由于该方法操作简单，在生产实际中被广泛地应用。

b. 输油泵机组调节

是根据计划输量确定整条管线启泵台次的方法。密闭管线的输量，是根据当月的计划输量来决定每日的平均输量，根据日输量确定各站运行设备台次。当管线增加或减少一台泵运行时，由于单台泵的输量较大，对日输影响也较大。在实际运行中，要根据月计划完成情况及时调整日计划输量，日计划输量大时，各站增加运行泵台次；计划量少时，各站减少运行泵台次。运行设备发生调整时，各输油站间输油泵台次要合理匹配，保证各站压力均衡，避免某个站队出站压力过高或进站压力过低现象出现。

这种方法可以在较大范围内调整全线的压力供应，适用于输量波动较大的情况。对于串联泵机组密闭输送的管道，可以调整全线各站运行的泵机组数和大、小泵的组合方式，改变管道输量，实现全线能量供应的调整。

采用并联泵机组的管道系统，可以改变站内运行的泵机组数和全线的泵站数，从而改变通过每台泵的排量和泵站扬程，尽可能使每台泵工作在高效区，并实现全线能量供应的调整。

c. 出站调节阀调节

密闭输送方式下，各输油站出站一般均设有出站调节阀，以保护进、出站压力在规定范围内运行。管道正常运行时，也常常用出站调节阀调节压力，通过手动操作或自动调节出站调节阀开度，达到需要的出站压力或流量。

注意事项：调节阀和调节阀控制系统维护后，可能会出现调节阀不能自动打开的现象发生，管线启输或维修后新投用调节阀时，应加强管线压力监控，避免调节阀不能打开造成憋压事故，或先将调节阀旁通打开，投用调节阀后再逐步关闭旁通阀。

实际案例：某管线因维修而停输，停输后，沿线各站进行设备维护保养，维修完毕后，各站设备、流程检查正常，管线进行启输。当首站启运第一台泵后，发现某站进站压力持续升高，出站压力没有变化，判断该站出站调节阀没有打开，调度采取紧急打开该站旁通阀和停泵的措施，避免了一次憋压事故。事后分析为该站调节阀压力变送器采用三选二模式，而该站只装了一块压力变送器，系统不能进行正常逻辑判断，造成调节阀没有打开。

d. 旁接回路调节

旁接回路调节是利用泵的出口管与进口管之间旁接线上阀门的操作来实现的，即所谓的回流调节。当工作地点需要的流量减少，或进站压力低时，调节旁接线上阀门的开度，以满足生产需要。当泵机组出口采用回流调节时，泵所排出的液流一部分经旁路流回到泵的进口，使泵机组在发出同样功率的情况下，输入管道的流量因回流而减少。回流量越大，即输入管道的油量减少越多。

回流调节是常用的较方便的调节方法，可根据泵的出口压头变化调节回流阀的开度，但回流调节的能量损失很多，是一种不经济也不常用的调节方法。

e. 混合输送（稀释输送）调节

由于国内高黏原油（俗称稠油）的主要原因之一是轻质烃类含量少，故掺入轻质油（俗称稀油）可以显著降低黏度。稀释输送是传统的高黏原油降黏输送方法，因其工艺简单，降黏效果在管输过程中较稳定，一直在国内外得到广泛应用。稀释降黏的幅度与稀油的掺入比例、稠油和稀油的黏度有关。稠油黏度越高，稀油的黏度越小，降黏效果越好。除非稀油掺入量很大，否则高黏稠油稀释后一般仍需加热输送，只是加热温度可以降低。采用这种方法在技术上是很简便的，但是从销售和炼制加工的角度看，把轻质油掺入稠油将造成轻质油贬值。此外，不同品质的原油混合可能会对原油的炼制加工产生不利影响。目前，国产原油大部分采用与进口原油按一定比例混合输送的方式，来降低油品黏度，许多进口油由于油品成分不同，也会采用混合输送的方式改变油品物性。混合输送不仅可以改变油品黏度等物理性质，也可以改变油品中 H_2S 的含量，当管道输送高含 H_2S 气体的油品时，可采用和含 H_2S 较低的油品按一定比例进行混合输送，提高运行安全保障。

管道混合输送时，当混油头到达某一个站队时，该站队泵压、电流、进出站压力均会有较大变化，混油头前后的两种油品黏度差异越大，压力波动越明显（见图 4-2）。运行时要对运行参数加强监护，防止混油头到达某个站队时，运行参数超出安全保护值范围。

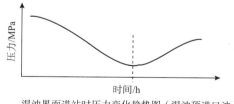 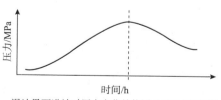

混油界面进站时压力变化趋势图（混油顶进口油）　混油界面进站时压力变化趋势图（进口油顶混油）

图 4-2　混油界面进站时的压力变化

实际案例：混合输送工况下的长输管线，输送配比调节时应尽量减少节流。如某管线首站国产油与进口油计划配比量是 6:1，运行时，值班调度发现，国产油调节阀开度

85%，进口油调节阀开度65%，这种现象存在节流，应根据配输比例，将国产油调节阀全部放开，再调节进口油调节阀的开度，以减少节流现象的发生。

（3）注意事项

① 输油设备调整启停泵时，既要考虑本站的出站压力不能超过规定值，还要兼顾上下游其他各站的进出站压力不要出现超压或压力过低的现象。同时，由于启动瞬间电流达到运行电流的3倍左右，对泵入口压力影响较大，所以，启泵时要有足够的入泵压力，防止入泵压力低造成跳泵或气蚀现象发生。

② 当中间某站队单台设备运行节流较大时，要倒为较小泵运行，如没有合适设备，应考虑倒压力越站运行，以减少节流能耗。

③ 采用密闭输送工艺时，整个管线是一个水力系统，设备启停对整条管线均有影响，应充分考虑上下游各站进出站压力是否都满足压力要求。

（三）管道清管

输送含蜡原油的管道，工作一段时间后，管内壁往往会沉积一定厚度的蜡及杂质，而使管道流通截面变小、站间摩阻增加、管道输送能力下降，严重时可使原油丧失流动性，导致凝管事故发生。因此，深入研究管道结蜡后的清管措施是生产运行中的一项重要工作。

1. 管道清管的方法和作用

（1）常用的管道清蜡方法

① 化学添加剂防蜡与清蜡；

② 采用塑料管或在钢管内壁刷上涂层以减少结蜡；

③ 采用清管器清蜡。

（2）管道清管的作用

清扫管道内的杂质，提高管线的输送效率，减少管道腐蚀，隔离不同介质，管线打压试验和管线腐蚀检测等。

2. 清管器的种类

清管器的种类很多、结构各异。按功能可分为清扫型、隔离型、检测型。按结构可分为圆球形清管器、柱塞形清管器、橡胶皮碗清管器、聚氨酯清管器、泡沫清管器、压力旁通式清管器、组合式涡轮清管器、加强型圆盘清管器等很多种。目前，管道上常用的清管器主要有泡沫清管器、聚氨酯皮碗清管器（见图4-3）和直板清管器，根据不同的需要可在各清管器上加装不同的配件，如钢刷、测径板、导向板、发射机等。

3. 清管周期的确定

清管周期的确定，应该从两方面考虑：管道清管周期越长，相应的动力消耗增大，热损失减少，清管费用也相应降低；而管道清管周期越短，相应的动力消耗会变小，但热损失和清管费用会相应增大。因此要根据清

图4-3　聚氨酯皮碗清管器

管总费用来确定最优的清管周期。

最优清管周期宜根据管道实际运行情况而定，一般有两种方法：一是根据输油管线以往的清管经验，计算出不同清管周期条件下的综合费用，从而优选确定最佳清管周期；二是通过科研的方法，列出相应的数学模型，通过优化进行求解，从而确定最佳清管周期，但这种方法的前提是要全面掌握该管道的结蜡规律，而目前管输原油的物性千差万别，因此从理论上统一解决还是一个很大的难题。

4. 管道清管器收发装置

清管器收发球装置包括球筒、排空阀、快速开关盲板、与球筒相连的工艺管线、通球指示仪及排污系统。转球装置一般包括通球指示仪、排污阀、与球筒相连的工艺管线。转发清管器时不影响正常输油。发球筒、收球筒和转球筒分别如图4-4、图4-5、图4-6所示。

图4-4　发球筒

图4-5　收球筒

图4-6　转球筒

一般情况下，管道上收发球筒的直径应比公称管径大1~2级。其中，发球筒的长度应能满足发送最长清管器的需要，一般不能小于筒径的3~4倍；为了防止大量蜡块或杂质进入排污管线，收球筒设计应该更长一些比较合理。球筒的底部应安装排污阀及管路，顶部应安装放空阀及管路，两管路的接口均应焊装挡条阻止大块物体进入，防止堵塞现象发生。

5. 管道清管作业

（1）一般规定

① 输油管道应定期组织清管作业，根据管道输送油品的结蜡规律、地区特点、管径

差别、清管历史和周期性清管的要求等确定清管时间。

② 管道收发球、转发球作业和流程切换时，应由输油调度统一指挥。

③ 管道清管作业时，输油调度应提前测算清管器的位置和到达下站时间。平均速度计算公式为：

$$v = 4Q/(3.14 \times D^2) \tag{4-1}$$

式中　　v——清管器运行平均速度，m/h；

　　　　Q——清管时管道的输量，m^3/h；

　　　　D——清管时管道的当量直径，m。

④ 管道在清管期间，原则上应保持全线运行参数相对稳定，并及时分析清管器的运行情况，一旦发现异常要及时采取有效的应对措施。

⑤ 收、发球作业完成后，清管器应放置在指定位置；清理出的凝蜡、油泥及杂物应按危废处理。

⑥ 清管过程中，应预先进行风险识别，并采取相应的安全防范措施。

（2）技术要求

① 对于首次清管和间隔6个月以上清管的管道，应制定清管方案，并报上级主管部门审批。

② 应选择合适的清管器，对结蜡严重的输油管道，分几次从末站端开始逐步清管，以防止管线发生蜡堵。

③ 对于首次通机械清管器的管道，应全面了解该管道存在的缺陷及变形情况，确保清管器能够顺利通过。清管过程中，应落实相应的安全保障措施，一旦发生蜡堵或卡球现象，能够迅速定位、有效处置。

④ 清管器运行速度宜为 1~2m/s。

6. 清管器的跟踪

①首次进行清管、不定期清管时，机械清管器应安装跟踪设备，管道沿线要进行跟踪并作好记录。

②根据管道线路沿线情况，合理选择放置接收机的位置，跟踪人员需随身携带接收机，提前到达指定位置，等待并确认清管器是否顺利通过。

③当发射机信号异常时，应及时确定是否发生"卡阻"现象，并迅速查出清管器的准确位置。

④清管器跟踪过程中，应及时向站内报告，接收站做好收球准备。

7. 清管器的维护

①清管器取出后，应及时进行清洗、检测和分析。

②皮碗如有损坏或皮碗唇边厚度小于原尺寸的1/3时，应及时更换。

8. 清管记录与分析

①清管作业应有详细的清管记录。

②清管作业结束后，应对采集到的数据进行分析，重点研究清管过程中的异常点和清

管前后参数对比情况，判定清管作业的效果并给出结论。

③对首次和间隔六个月以上的清管，作业结束后还应编制总结、分析报告等。

（四）输油管道水击防护

受到工况调整、设备故障、人为原因等因素影响，原油管道系统打破压力平衡状态，各项运行参数急速变化，也就出现了通常意义下的水击。我们将这种由于某种原因，管道中的油品流速突然变化而引起管道压力突然变化的现象称为水击。

1. 水击产生的原因

管道系统作为独立的水力系统，某一点输油量发生瞬变的过程中，会在整个管道内引起联锁的水力反应。这个瞬变过程的表征就是压力，流量瞬变量越大，瞬变时间越短，瞬变反应就越剧烈，产生的瞬变压力变化就越大。引发管道系统流量发生瞬变的工况有很多，一般分为两种：一种是有计划地调整管线输量、输送流程、切换设备等常规性操作；另一种是异常状况引发的管道工况突然变化。

有计划地调整管线工况，如启（停）运设备、流程切换（如切换储罐、分输量调整、分支管道启、停运等）、变频调速等常规性作业都会引起管道内的流量变化。常规性操作引起的工况变化，具有一定的预见性、可控性，可以通过人为预判，并采取一定的保护措施，以控制管道流量的变化幅度或速率，使常规性作业造成的压力波动处于管道系统运行的控制范围内。例如启、停运输油泵时，可通过阶段性控制泵出口阀门的开度，延长其关闭时间，就是利用泵出口阀门的节流作用，阶段性控制启、停运输油泵产生的流量变化，降低其瞬变速率，进而控制压力变化幅度不会超过管道运行的允许范围。

异常情况引起的工况变化，如站场突然失电造成设备同时停运，设备故障造成单台泵机组停运，截断阀、调节阀、进出站阀等关键阀门误动作关闭等情况，都会造成管道的流量发生变化，且变化剧烈程度是相对较高的。另一个引起管道流量变化的原因是管道泄漏，如打孔盗油、腐蚀泄漏、管道断裂等原因造成原油泄漏，也会引起管道的流量发生变化，但是其变化趋势与"憋压"现象有所不同。如果异常情况造成的瞬变压力超过了管道运行的允许范围，就需要对管道系统预先设置相应的调节与保护措施。

2. 水击的主要危害

管道系统中输送能力的突然变化，会产生瞬变压力波沿管道传播。瞬变压力叠加在管道原有的压力分布上，造成沿线输送参数（输量、压力）的瞬间变化。如果扰动产生的叠加压力在管道系统允许的工作压力范围内，瞬变压力波的传播不影响管道系统的正常运行。每条管道可以承受的扰动程度取决于管道的本身条件，包括管道的承压能力、输量和泵站的运行情况等。如果扰动产生的瞬变叠加压力（沿管道传播，且与时间有关）超出了该点处的管道允许工作压力，就有必要对管道采取有效的控制或保护措施。

管道瞬变压力超过管道运行允许范围的情况可分为两类：一类是瞬变过程产生的增压波，可能会使管道内的瞬变压力超过管道允许的最大工作压力，极易引起管道破坏，造成泄漏事故；另一类是瞬变过程产生的减压波，可能会使高点处的瞬变压力降低至原油的饱和蒸气压，易造成该段处的液柱分离，直至发生管道失稳变形，造成严重后果。对于建有中间泵站的长距离密闭输送的管道，瞬变过程产生的减压波还可能造成下游站场的进站压力超低，直接影响（甚至破坏）下游输油泵机组的吸入条件，易造成设备运行异常或损害叶轮。

3. 水击的传播特性

长距离密闭输油管道是由多个泵站（热泵站）串联而成的，对于采用密闭运行方式（从泵到泵）运行的管线，以中间泵站突然停运为例，分析水击波的传播特性。正常运行工况下，中间站输油泵运行时，其出站压力明显大于进站压力，当整个站场因异常状况突然停运时（如站场停电、联锁保护等），油流未完全停止流动，但管线在该站处的通过能力明显降低，也就是流量发生了瞬变，具体现象为：站场突然停运瞬间，进站处的上游来油流速未变，而去往输油泵的流速突然降低，这一过程产生的压缩波促使进站压力骤升；站场出站处，由于流动的惯性作用，油流向下游流动的流速未变，而输油泵去往出站的流速突然降低，这一过程产生的疏松波促使出站压力骤降。站场停运后流速的变化幅度相同，因此停运瞬间的进站处升压值与出站处降压值是相同的。随着停运站进站压力的不断上升和出站压力的持续下降，进站压力逐渐大于出站压力，此时输油泵机组的单向阀开启，站场内工艺管线重新恢复流动，因此输油泵机组单向阀开启的越站压力值，必然为站场停运前进出站压力值的平均值（忽略站内摩阻损失）。

中间站场停运产生的水击波对上游站场是升压影响，促使上游管路的压力不断升高，在停运站场的输油泵入口汇管处的升压幅度最高。中间站场停运产生的水击波对下游站场则是降压影响，当减压波向下游站场传播时，到达下游管路动压力较低的地方（也就是在管道水力坡降线与纵断面线相距较近的地方），可能会使这些低洼处的动压力降到大气压以下，这会使原油中的溶解气或某些轻烃以气态形式析出，在管道内形成小气泡悬浮。当低洼处的动压力进一步下降，低于原油某一组分的饱和蒸气压时，管道内的液体组分会汽化，逐步与溶解气泡相结合，进而形成较大的气团，在管道内受浮力影响，逐渐向地势高点处漂移。管道内的大气团倾向于停留或聚集在地势高点或局部位置，形成一定长度的气区，而原油则在气区的下面向下游流动，这种情况统称为液柱分离。当管线恢复正常或低洼处压力升高时，气区会受挤压而破裂，上下游的液体会突然相遇，有可能会引发瞬间冲击，产生较高的压力，对管道安全带来不利影响。

（1）水击压力

水击现象的表征就是水击产生的水击波在管道内向上下游传播，由于液体速度的瞬变引起的瞬态水击压力值（压力增幅），可按下式计算：

$$\Delta P = \rho a \ (v_0 - v) \tag{4-2}$$

式中　ΔP——由于液体流速的瞬变引起的瞬态水击压力值，Pa；

　　　ρ——液体的密度，kg/m^3；

　　　a——水击波在管道中的传播速度，m/s；

　　　v_0——正常运行时的液体流速，m/s；

　　　v——工况突变后的液体流速，m/s。

如果阀门突然全部关闭，液体的流速立即降为零，此时的初始水击压力值为：

$$\Delta P = \rho a v_0 \tag{4-3}$$

用式（4-2）、式（4-3）可计算得出液体的流速突然减小或突降为零时所引起的瞬态水击压力值。

（2）水击传播速度

水击波的传播速度 a，可按下式计算：

$$a = \sqrt{\dfrac{\dfrac{k}{\rho}}{1 + \dfrac{kD}{E\delta}C_1}} \tag{4-4}$$

式中　a——压力波的传播速度，m/s；

　　　k——液体的体积弹性系数，Pa；

　　　ρ——液体密度，kg/m^3；

　　　D——管道内径，m；

　　　E——管材弹性模量，Pa；

　　　δ——管壁厚度，m；

　　　C_1——管子的约束系数。

C_1 取决于管道的约束条件：一端固定，另一端自由伸缩，$C_1 = 1 - \mu/2$（μ 为管材的泊松系数）；管子无轴向位移（埋地管段），$C_1 = 1 - \mu/2$；管子轴向可自由伸缩（如承插式接头连接），$C_1 = 1$。

对于一般的钢质管道，压力波在油品中的传播速度大约为 1000 ~ 1200m/s，在水中的传播速度大约为 1200 ~ 1400m/s。

几种常用材料的弹性模量和泊松系数见表4-4。

表4-4　常用材料的弹性模量和泊松系数

名称	$E/(10^9\mathrm{Pa})$	μ	名称	$E/(10^9\mathrm{Pa})$	μ
钢	206.9	≈ 0.30	聚氯乙烯	2.76	≈ 0.45
铜	110.3	≈ 0.36	石棉水泥	≈ 23.4	≈ 0.30
铝	72.4	≈ 0.33	混凝土	30.0 ~ 107.8	0.08 ~ 0.18
球墨铸铁	165.5	≈ 0.28	橡胶	≈ 0.07	≈ 0.45

液体的体积弹性系数与液体的组成、运行参数（温度、压力）有关。一般情况下，运行压力低于 4.0MPa 时，液体的弹性系数随压力波动变化不大，随运行温度的变化将发生较大变化。表4-5列出了国外实验测定的原油体积弹性系数。由表4-5可见，随着运行温度升高，液体的体积弹性系数逐渐变小；随着运行温度升高，液体的密度也是有所减小的，这些就意味着液体的可压缩性有所增大，但是压力波的传播速度随之在减小。

表 4-5 原油的体积弹性系数

原油 （15℃时）	体积弹性系数/（10^5Pa）		
	7℃	21℃	38℃
密度为 0.83 g/cm³	15300	13500	12250
密度为 0.90 g/cm³	19200	17350	15600

4. 水击的防护措施

长距离密闭输送管道的水击过程产生严重后果的情况主要有三种：一是关键阀门（包括调节阀、截断阀、进出站阀等）误动作关闭；二是输油泵站突然停运（包括失电停运、保护停运及故障停运等）；三是管道发生泄漏（含站场工艺管道、外管道等）。对于第一种异常工况，需要在进出站处设置泄压阀，以消减部分水击压力。对于第二种异常工况，管道设计时会考虑设置一定的逻辑控制及超前保护，来保护异常工况下的管道运行安全。对于第三种异常工况，如管道发生大量原油泄漏，除采取必要的停输措施外，还需根据地势情况，通过泄漏点两侧的截断阀对泄漏点处管道进行隔断，尽量减少原油泄漏损失和环境污染。

采用密闭输送的长距离原油管道一般配有 SCADA 数据采集控制系统，针对管道的压力控制，SCADA 系统对于输油泵站的压力控制，可以通过站场控制系统来实施，也可以通过中心控制系统来实施。水击瞬变过程的关键控制参数是管道的压力，包括出站压力和进站压力。

对于长距离密闭输送管道，关键阀门误动作关闭、某一个泵站全部或部分泵机组突然停运，都将导致管道压力发生剧烈变化。一般的调节控制系统反应存在滞后性，效果不佳，必须要有相对可靠的超前预判及保护系统，以确保管线在异常状况下的安全运行。下面介绍常见的水击防护措施：

① 压力调节阀　输油泵站的出站端设计时都设有调节阀，用于调节管道系统的运行压力及满足站内设备运行需要，能有效地防止进站压力过低和出站压力过高。调节阀通过检测进/出站处的压力，将检测压力值与限定值进行比较，如果进站压力低于给定的限定值或出站压力高于给定的限定值，调节阀控制值就会发出关阀指令，促使站场节流增大，使得进站压力逐步升高，出站压力逐步下降，直至进/出站处的压力满足运行需要。如果进/出站处的压力未超过限定值，调节阀保持全开状态。

② 高/低压泄压阀　高/低压泄压阀是管道运行保护的主要设备，同时也是水击超前保护的关键设备，主要用于本站进/出站压力超高的泄放保护。高/低压泄压阀的给定值，是阀门开启的触发值，一旦检测到进/出站压力超过给定值，泄压阀开启泄压，直至检测到的进/出压力低于给定值。

③ 水击超前保护　水击超前保护是在预判出现水击工况或水击压力达到设定条件时，通过超前保护系统向输油站场发出信号，按照预先设定的水击超前控制程序（策略），组织各站场实施水击超前保护程序，以抵消水击对于管道的影响。例如：某站场位于水击发

生地的上游，接收到的是增压波，在水击波到达该站之前，预先停运部分输油泵或调整调节阀开度，降低出站压力，产生向下游传播的减压波，以抵消迎面而来的增压波；反之，该站场可通过停运输油泵或调整调节阀开度，提高进站压力，产生向上游传播的增压波，以抵消迎面而来的减压波，达到平衡管道压力的目的。

5. 典型水击示例

输油管道一般为独立密闭系统，水击产生会引起整个系统的联锁动作，主要是反映在压力波的上下游传递上。下面结合生产运行实际，对典型水击进行简要介绍。

（1）阀门关闭

阀门作为密闭系统的重要分割节点，因设备故障或人为原因，重要阀门（调节阀、进出站阀、截断阀等）发生误关闭，将引发管道系统严重水击现象，给上游设备带来超压危害，严重的将引发原油泄漏、爆炸等事故。阀门关闭后，阀门上游为增压波，由阀门处迅速向上游传播；阀门下游为减压波，由阀门处向下游传播。

例如：在调度员对所辖远控截断阀室进行登录测试时，在退出操作界面时，误点击"apply"按钮，导致系统下达了某管线某截断阀室 6#阀关位命令。上站出站压力由 3.85MPa 上升至 4.59MPa（管道联锁保护起调压力值为 5.2MPa），调度员发现后立即要求上站紧急停运，并下达此截断阀室 6#阀开位命令。该事件造成该截断阀室 6#阀丝杆与丝杆外套刮擦，造成丝杆刮伤受损。

（2）中间站停运

中间站场作为管道系统动力的接力点，因失电、设备故障等造成输油泵停运，将引发密闭系统的水击现象，主要表现为中间站上游增压波迅速向上游传播，中间站下游减压波向下游传播。中间站失电造成的水击危害略小于阀门关闭。

例如：2015 年 6 月 30 日，某输油站 PLC 机柜故障，造成本站甩泵，致使下站出站最高压力达到 8.43MPa。7 月 1 日，居民举报该线 376#桩 -50m 处发生渗漏，经现场开挖确认为原封堵三通法兰处有轻微渗漏。

（3）原油泄漏

原油管道发生泄漏后，对于长距离的密闭输送系统而言，泄漏点处产生的减压波逐步向上、下游传播，且随着传播距离的增大而有所衰减。主要对下游输油泵吸入特性有所影响，但仍需紧急停输。

例如：因地方村民开挖电线杆导致管道破坏，某管线 102#桩 +980m 处发生原油泄漏，某输油站出站压力由 2.578MPa 下降至 1.716MPa。事件发生后，值班调度立即按照先停炉后停泵处置原则，指挥该管线紧急停输。经现场测算漏油量约为 9m³，整个事件过程未造成人员伤亡，未发生次生灾害，没有造成社会舆情负面影响。

二、热油管道运行管理

（一）管道运行参数的确定

热油输油管道关键运行参数有压力、温度、介质流速（流量）以及停输时间。本节对相关运行参数的确定原则进行了介绍。对于已确定的运行参数，如确需进行调整，应严格按照企业变更管理程序执行。

1. 运行温度

对于热输管道，应根据输送介质物性，以及管道防腐层、管材、管件、设备和密封材料等的允许使用温度确定最高允许运行温度和最低允许运行温度。热输管道首先要保证油流温度高于其凝固点，同时站间摩阻不应高于管道的最大允许运行压力，因此进出站运行温度的确定既要考虑管道的沿程温度损失，又要考虑管道的摩阻损失。

（1）进站温度

热输管道加热站最低进站温度主要根据管道状况以安全经济为原则确定，单品种空白原油进站温度一般选择在高于原油凝点温度 3～5℃左右，或根据原油流动安全性经济评价结果确定；改性处理的原油或混合原油输送时，原油的最低进站温度应根据流动安全性经济评价结果确定，一般高于凝点5℃。由于在凝点附近原油黏温曲线很陡，当进站油温接近凝点时，必须考虑管道可能停输后的温降情况及其再启动措施，此时要和安全停输时间的确定统筹考虑。

（2）出站温度

一般在确定一条管道最高出站温度时考虑的主要因素有：管道的温度应力是否在强度允许范围内；管道的外防腐层和保温层的耐热能力是否适应；原油的加热温度是否高于所输油品的初馏点，以免影响泵的吸入。一般出站温度应低于油品初馏点5℃，并在管线防腐材料允许温度范围内。

此外，在确定加热温度时，还必须考虑运行的经济性等。如对含蜡原油，往往在凝点附近黏温曲线很陡，而当温度高于凝点10℃以上时，黏度随温度的变化相对比较平缓，当原油温度升到使原油在管道内流态处于紊流光滑区时，由于摩阻与黏度的 0.25 次方成正比，此时提高油温对摩阻的影响较小，而热损失却显著增大，故加热温度不宜过高。原油管道出站温度不应超过设计温度，一般不宜超过60℃，不应超过70℃。

显然，同一管道的进出站油温的确定是互相制约的。同时，对原油的加热也是一个热处理过程，鉴于含蜡原油的黏温特性及凝点都会随热处理条件而不同，故应在热处理实验的基础上，根据最优热处理条件及经济比较来选择加热站的进、出站温度。

2. 介质流速

热输管道如果输量过低，会对管道的安全运行造成很大影响，所以对于一条已经投入使用的管线，在其管径、总传热系数、土壤温度以及加热站间距、加热站出站温度均已确定的情况下，决定管道温降最重要的参数就是管道的输量。在达到最高出站油温和最低进站油温的情况下，一般按这一管道最大加热站间确定加热输送管道的允许最小输量，该参数是热油管道运行管理中非常重要的参数。

（1）热输管道允许最低输量

一般最大加热站间的允许最小输量是热油管道运行的最低输量。例如：若某站间的允许最高油温为70℃，原油凝点为36℃，最低进站油温为39℃。在管道的运行条件下，即

T_0、K、D、L_R 等已定的条件下，可以计算出允许最小输量 G 的数值。这表示，维持在这一输量时，进、出站油温已分别达到39℃和70℃的限度。若再减低输量，则站间温降会进一步增大，当仍维持 $T_0 = 70℃$ 时，下站的进站油温就会低于39℃，可能会有凝管的危险。而要维持进站油温39℃，出站油温就要高于70℃，不但使管道防腐层受到损伤，而且产生的热应力有可能造成管道的事故，这些都是安全生产所不允许的。

管道站间的允许最小输量是随时间变化的。当冬季地温下降或雨雪等引起地下水位及土壤温度增加时，会使管道的总传热系数 K 值增大，这些都将使管道的散热量增大，使其沿程温降增大。而在夏季地温较高时，该管道的允许最低输量就比冬季的值小一些。

对同一条管道，若各个加热站的间距不相等，或管道的散热情况有差异，即各站间的总传热系数 K 值不同时，则站间距 L_R 较长以及 K 值较大的站间，其允许最低输量也较大。这种情况下，全线允许最低输量应按较大的值为准，才能确保全线的安全运行。

（2）降低热输管道允许最低输量的措施

① 在前面的章节已论述了含蜡高凝易黏原油的输送工艺及对原油改性的输送工艺，如热处理输送、加降凝剂等方法。这些方法降低了管道输送过程中原油的凝点和黏度，也就相应降低了输油允许进站油温，从而降低管道的允许最低输量值，这也是最常用的方法。如一条低输量管道，当凝点为30℃时，允许最低进站油温为33℃，当对原油采用添加降凝剂等措施使原油凝点降低至25℃后，允许最低进站油温可降至28℃，故允许最低输量的数值也会相应减小。

② 对低输量允许的高凝易黏原油管道也可采取减少清管次数或不清管，使管壁保留一层结蜡层的运行方式。由于结蜡层的存在，使管道的散热减少，在同样出站温度情况下，就可降低管道的输量。如我国东北一管径720mm的管道，设计输量为每年 $2000 \times 10^4 t$，由于油田减产和原油流向的调整使年输量下降到了 $500 \times 10^4 t$，远低于运行规程所要求的最低输量，但由于该管道运行管理部门在输量逐步降低的同时减少并停止了对管道的清蜡，使管道平均结了当量厚度约60mm的蜡层（经换管测量，局部结蜡层最大为100mm），正是这结蜡层的存在，才保证了管道年输量降到了 $500 \times 10^4 t$ 的低输量。

③热油管道采取正、反输送方法。当输量进一步降低，采取对原油改性的输送工艺也无法满足要求的情况下，可根据油品物性和输量采用正输反输交替输送方式。但这种方法能耗相对较大，输油成本高，同时也受到工艺条件的限制。例如某输油管道由于油田来油量远低于管道允许最低输量，其通过采用定期反输进口原油的方式，保证管道正常运行。但由此带来的后果是其输油单耗远高于同管径加热正输管线，月最大值甚至超过 1000kg 标油/$(10^4 t \cdot km)$。同时，在运行中为了防止停输时高凝劣质原油留存在管道中造成凝管等事故，热油管道反输时的反输总量应不小于最大加热站间管容积的1.5倍；反输时的最低输量应不小于正输最低输量的1.15倍。

④ 对现有管道进行改造，如缩短现有管道加热站间距（站间增加加热站，使原来的加热站间距缩小）或重新更换小口径管道等，以降低管道的允许最低输量的值。但这种措施需要很大的改造工作量及投资，运行能耗也高，需要进行技术经济比较。

3. 停输时间

停输后管道冷却过程中，油温逐渐下降，向周围土壤散发的热量也逐渐减少，其过程是不稳定传热过程。由于管道周围土壤中蓄积的热量要比管道及管中存油的热容量大上百倍，故埋地管道的停输温降情况主要决定于周围土壤的冷却过程，而周围土壤的冷却则主要决定于地温和气温。

不同季节、不同的运行工况条件下，管道的允许停输时间也不同。例如，当夏季地温较高，或正常运行的油温较高时，允许的停输时间就比较长；反之，在冬季地温较低时，其允许停输时间就较短。

热油管道沿线的绝大部分管道都是埋地的，但在穿（跨）越地段也有架空的或浸没在水中的管段。由于管道中油的热容量要比管周围土壤的热容量小得多，这些穿（跨）越管段的冷却速度要比埋地管道快得多，所以此管段的长短和位置有时也成为限制允许停输时间的关键。

埋地管道的不稳定传热尚没有简便而准确的计算方法，目前我国热油管道停输时间的确定还是以经验确定为主，辅助以理论研究和现场试验相结合的方法来确定热油管道的停输时间。

（二）管道工况分析与调节

1. 热油管路的工作特性

从列宾宗公式 $h_l = \beta \dfrac{Q^{2-m}\nu^m}{d^{5-m}} \cdot L$ 中可以看出，在管径、管长和流态 β 一定的情况下，影响摩阻 h_l 的因素是流量和黏度。流量对摩阻的影响是表现在油流的速度上，即通过流速反映出来流量大，速度也大，因此摩阻大；反之，流量小，速度也小，摩阻就小。热力因素对摩阻的影响，表现在黏度上。当出站温度 T_R 一定时，随着流量增加，根据苏霍夫公式，进站温度升高，平均温度升高，黏度减小，摩阻也随之减小，这与速度对摩阻的影响正好相反，反之亦然。

那么，当流量发生变化时，摩阻究竟如何变化取决于上述两个因素中哪一个起主导作用。在某种情况下是 v 起主导作用，而在另一种情况下，ν 又起主导作用，这就要看流量变化的具体情况。

当流量发生变化时：

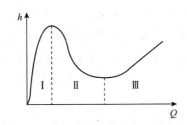

图4-7　热油管路的 $Q-h$ 曲线

① 在小流量范围内，随着流量的增加，黏度下降得很少。

② 在比较大的流量范围内，随着流量的增加，黏度下降得很多。

③ 在大流量范围内，随流量的增加，黏度下降得不多。

由于管道中在不同的流量范围内，黏度对摩阻损失的影响程度不同，就导致了热油管道的特性曲线为起伏的曲线，如图 4-7 所示。

显然，其特性曲线形式要比等温管道复杂。由图 4-7 看出，热油管道的特性曲线也可分为三个不同的区域，即Ⅰ区、Ⅱ区和Ⅲ区，各区的特点如下：

Ⅰ区为小流量区。该区内摩阻损失随着流量的增加而急剧增加，特性曲线很陡。在该区内，终点油温 T_Z 随流量 Q 的增加变化不大，油流黏度 ν 下降不多，影响不大，流速对摩阻损失的影响起主导作用。

Ⅱ区为中等流量区。该区内随着流量增大，平均油温上升很快，致使因黏度下降所减少的摩阻损失超过了因流速增加所产生的摩阻损失，黏度对摩阻损失的影响起主导作用，因此，特性曲线呈下降趋势。

Ⅲ区为大流量区。该区内在流量增加到一定程度时，平均油温上升达到极限，黏度对降低摩阻损失的影响不存在了，起主导作用的是流速，因此，摩阻损失随着流量的增加而增加，特性曲线呈上升趋势。

由以上分析可知，Ⅲ区为管道的稳定工作区；Ⅰ区流量很小时，却消耗很大的压头，称为非工作区；Ⅱ区为不稳定工作区，因为当热油管道系统由于某种故障使流量减少时，摩阻损失反而增加，从而使离心泵的排量降低，摩阻损失进一步增大，泵的排量继续降低，这种恶性循环状态，会使工作点移至Ⅰ区内，甚至会使整个管道系统陷入停输的困境。由此可见，热油管道如在Ⅰ区或Ⅱ区内运行，既不经济又不安全，操作上必须避免。对于利用节流调节流量的热油管道，当输量较低时，如调节流量不当，就可能发生不稳定的工况，生产中必须特别注意。

热油管道运行中，对输送量和输送压力的变化要作经常的分析，一旦发现由于某种原因使工作点接近Ⅱ区或已进入Ⅱ区时，可迅速采取如下措施，使其回到Ⅲ区：

① 提高出站油温，减少管道摩阻；

② 增开备用泵，提高泵站出站扬程；

③ 增大阀门开度，减少节流；

④ 输入黏度较小的油。

如果泵站所能提供的压头超过Ⅰ区与Ⅱ区边界上的压头损失，而且是在管路和设备强度的允许范围之内，这使工作点恢复到Ⅲ区不会有什么困难。

要说明的是，不是对每一种热油都会出现Ⅱ区。对含蜡原油来说，一般不会出现Ⅱ区，因 T_Z 通常必须高于凝固点。因在输送温度范围内的黏温曲线比较平坦，且在紊流条件下工作，故在此区内，摩阻与黏度的 0.25 次方成正比。只有当温度较低，油出现非牛顿流体性质时，才有可能出现Ⅱ区，这是因为温度较低，油的黏度大大增加的缘故。对高黏油来说，比如重油，出现Ⅱ区的可能性较大，因其黏温曲线陡，且在层流流态下工作，摩阻与黏度的 1 次方成正比，而且Ⅱ区的范围也较大。出现Ⅱ区主要是在层流流态下，其根本因素是油的黏温特性，即在某个温度范围内，温度的微小变化就会引起黏度的急剧变化，使得黏度成了影响摩阻的主要因素。

2. 工况调节——温度调节

热油管道运行时，应根据当地的气候状况和地温变化，及时调整管线油品温度、温度的调整由各站的进站温度决定，一般管道规定各站进站温度不低于管线沿途地温 3～5℃，决定各站进站温度的主要是加热站队的出站温度和管道输量。原油加热除了常用的热媒炉加热或加热炉加热调节外，影响管线油温的还有以下几种情况。

（1）调节方式

① 油田来油温度调节

国内原油多是高凝、高黏、高含蜡特性，为保证各管道首站储油罐安全存储，各油田集输公司都要对原油进行加温后，才能够将原油输送到管道首站，由于各油田原油凝点各不相同，各首站要求进站原油温度也不完全一样。各管道首站应加强油田来油温度的监测，尽可能提高油田来油温度，尤其是入冬和初春时节，提高来油温度，可以延缓点炉或停炉时间，对安全运行也起到很好的保障作用。

注意事项：各管道首站接收的油田来油，都是经过脱水处理后的原油，含水一般不超过 1.5％，由于水的比热容比原油的比热容要大得多（水一般为 $4.18kJ/kg \cdot ℃$，原油一般为 $1.8～2.4kJ/kg \cdot ℃$），所以当同量的水经过加热炉时，温度远没有原油的温升大。如果油田来油含水较多，温度会相应降低，造成首站进站和出站温度降低，对运行不利；同时含水对管道腐蚀较大，也增加管输成本。运行中应严格控制油田来油的含水不超过规定值。

② 热媒炉调节

热媒炉是长输管道普遍采用的一种重要加热方式。热媒炉炉管内流动的是一种载热介质，俗称热媒。热媒流经对流段和辐射段炉管升温后，进入换热器系统，热媒走管程，原油走壳程。热媒再将大部分热量传导给原油，把原油加热到输送所需的温度。冷却后的载热介质再送回加热炉吸收热量，完成了对原油的间接加热。由于这种加热系统更加安全、可靠，在长输加热管道系统中被广泛采用。

热媒加热炉可以避免直接加热炉管结焦，运行安全可靠，且热媒温升大，可以用较少数量热媒吸收加热炉中燃料放出的热量，使得热媒炉加热炉体积缩小，热媒炉的系统热效率可以达到91％左右。

热媒炉点火运行时，要注意炉膛温度和排烟温度，排烟温度是烟气离开对流室时的温度，排烟温度过高，大量热负荷被排入大气，造成能源浪费；排烟温度过低，当温度在烟气露点温度以下时，容易在炉管管壁结露，产生低温腐蚀，缩短炉管寿命，严重时甚至会造成炉管穿孔的严重事故。因此，运行中不应超负荷运行，并尽量避免在较低负荷下运行。运行中，还应注意监测热媒温度、热媒含水等多项指标参数。

注意事项：原油经过热媒炉后会存在一定的节流，一般一台热媒炉节流在 0.3MPa 左右，所以，春季停炉后应及时将流程倒为热力越站工艺，以减少摩阻损失的消耗。

③ 加热炉调节

国内原油一般凝点、含蜡都较高，长输管道一般都设有加温站，运行时根据油品凝点状况，采用加热输送方式对原油进行加热。加热炉是长输原油管道最重要的设备之一，加热炉加热效率的大小取决于火焰的强弱程度（炉膛温度）、炉管的表面积、总传热系数的大小。火焰越强，则炉膛温度越高，炉膛温度与油流之间的温差越大，传热量也越快；火焰与焰气接触的炉膛面积越大，则传热量越多；此外，炉管的导热性能的优劣，炉膛结构是否合理，也会影响加热炉的加热效果；加热炉燃烧过程中经常会发生燃烧器工作不正常和炉管结焦等问题，这些因素也会影响加热炉的加热能力。每台加热炉的加热能力有一定的范围，炉管表面的总传热系数对一台加热炉来说是一定的，正常操作条件下炉膛温度达到一定值后，炉膛温度就不能继续升高了。所以，加热炉在日常运行过程中，要调整好加热炉燃烧器的工作状态，使燃料油完全燃烧，防止加热炉炉管局部过热，达到稳定的加温效果。

注意事项：加热炉日常运行时，应注意炉膛排烟温度变化。在实际运行中，由于来油温度较低，在输量较大等情况下，会造成排烟温度降低。由于实际加热过程中，会产生大量的水汽和烟气一起排出，如果排烟温度过低，大量水汽会凝结成水滴，进入烟道内部。

实际案例：某站冬季运行时，从炉膛看火孔发现加热炉炉膛内有大量水滴，经分析判断是发送进口油时，由于进口油油温低，输量大，造成原油加热温度降低，炉膛排烟温度下降，水汽凝结成水滴所致。值班员向调度汇报后，及时提高加热炉负荷，并且开大冷热油掺和阀，滴水现象消除。

④ 冷热油掺和阀调节

热油管路加热流程中，往往设计冷热油掺和阀。长输管道油流经过阀门、弯头等设备时，都会产生局部摩阻现象，尤其是经过加热炉等大型设备时，局部摩阻会更大，每台加热炉的局部摩阻损失约在0.3MPa。为减少局部摩阻现象的发生，长输管道加热站往往会设计冷热油掺和阀流程，当输量较大且不需要较大加热负荷时，调节冷热油掺和阀的开度，使出站温度在规定值范围内，可降低节流损失和由于排烟温度过低造成结露现象的发生。图4-8是某站的冷热油掺和阀部分流程。

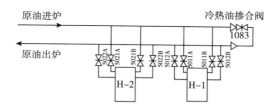

图4-8　冷热油掺和阀部分流程

⑤ 输油设备影响

油流经过油泵、弯头、阀门等设备后，由于油流与设备的摩擦和克服摩阻损失，油品温度会有所升高，油品的密度越小、泵的扬程越大、油品的温度越高时，温升越大。但输油泵对原油剪切所产生的热量和局部摩阻产生的热量较小，对整个管道温度变化可以忽略不计。

（2）调节原则

① 温度的调节，应遵循节能降耗、保证油温的原则。

② 加热炉在升温过程中，升温速度宜保持一致。

③ 热油管道输送混合原油时，进站温度应高于该混合原油凝点 3~5℃以上，且进站温度下的黏度不宜过大。

④ 热油管道计划停输时间接近最长停输时间时，应提前 3~5 天提温运行。

3. 事故状态下管线工况控制

热输原油管道因为受到外界因素影响（泵机组故障、中间站失电、冬季突然降温等）管道输送量会降低。当管输量低于热输管道允许最小输量时，管道内原油降温明显，黏度升高，流量会进一步降低。根据离心泵工作特性，管道摩阻不断增加，离心泵排量会进一步降低，最后会导致管道停输。

按照原油管道运行技术规范，高凝高黏原油的输送管道进下站油温宜高于凝点 3~5℃以上运行。通常通过调整上站出站温度来控制下站进站温度。现在大部分热输管道通过出站阀门的节流调节来调节输量。在原油进行配输时，采用罐混或者调节阀门调配混油比例。在进行热输管道工况调整时，应密切关注管输温度，在调节输量（控制阀门节流大小、停运中间站、停运输油泵）时应维持规定的输油量及压力，保证管道在安全工况内运行。

在热输管道运行中，需对管道输量和压力的变化趋势进行实时的监督与分析。以利于掌握管送状态，在管道进行不稳定危险工况时，及时采取措施。热油管道运行中在无人为操作情况下，一旦出现出站压力持续上升，输量持续下降且进站温度呈下降趋势，则认为该管道进入了危险工况，处于事故状态。此时，应该采取增加出站阀门开度、调高出站压力、增开中间站、提高出站温度、有条件的切换低黏低凝原油的方式来加大管输量，使管道工作点尽快回归到稳定工况。

（三）停输再启动

热输管道在运行过程中，难免会发生管道抢修、自然灾害、首站失电等情况，造成管道停输。热输管道停输后，管道内油温随停输时间延长而不断下降，油品流动性变差，管道的再启动压力增大。

1. 短时间停输

热输管道根据停输时间、管存原油物性、管道敷设方式、管道口径等不同，管道再启动时管道内原油状态也不同。若停输时间较短，再启动时管道内部大部分原油还具备良好的流动性。大部分停输再启动属于这种情况，管道停输时间在允许停输时间内。在正常停输时间内管道再启动可以直接采用加热低黏原油进行输送。由于管道周围土壤蓄热较为缓慢，管道内存油温度较低，黏度较大，管道启动后提高输量的过程较为缓慢。待管道内存油被顶出管道进入下游油库后，管输量逐渐恢复到正常运行状态。

2. 长时间停输

如停输时间过长，管道内原油已经出现初凝，此时，应该在管道允许压力范围内，尽快采用低凝点热油顶挤管道。为了保护管道防腐层，不推荐采用温度过高的热水或蒸汽进行顶挤。为了尽快启动管道，应在管道强度允许范围内，尽可能加大输油泵排量，随着管道存油逐渐被顶出管道，出站压力会逐渐下降，管道输量逐渐恢复正常。当管道再启动所需压力超过泵的扬程或管道强度时，则正常启输失败，需要缩短加压的管段长度，采取分段开孔排油、顶挤等措施。

3. 安全停输时间

热油管道运行中，因管线及站场检维修、工艺调整等原因，停输再启动不可避免。影响热油管道停输再启动安全的主要因素有：原油物性、管径及输量、运行温度及压力、工艺运行方式、加热加压设备性能、地温等。本节主要就热油管道安全停输时间的确定、运行管控、计划及非计划停输管理等进行阐述。

热油管道停输再启动过程水力分析前，首先应进行热力分析，掌握管道停输后的温降规律。由于管线停输后，随着管内原油向管道周围土壤散热，管内原油温度不断下降，造成管内原油黏度大幅上升，再启动压力上升，启动困难，严重时会造成干线初凝、凝管事故的发生。

（1）热油管道安全停输时间的确定

为确保热油管道运行安全，需依据管线实际情况，分别进行不同季节、各站间的停输温降及停输再启动压力计算，结合加热、加压设备的条件，确定管道最大安全停输时间。

① 收集管线基础数据：原油物性、管径及输量、运行温度及压力、工艺运行方式、加热加压设备性能、地温等；

② 分别进行不同季节、各站间管线停输后的温降计算，得出对应停输时间的温降结果；

③ 依据不同季节、各站间管线对应停输时间的温降计算结果，进行停输再启动压力计算；

④ 结合管线加热加压设备性能及启动输量等条件，依据管线允许运行压力，确定不同季节管线的安全停输时间。

（2）热油管道安全停输时间的管控

由于热油管道热力、水力计算的复杂性，管道安全停输时间的计算结果应考虑一定的安全裕量，以确保停输再启动安全。热油管道应加强安全停输时间管控，严格控制、压缩管线停输时间，确保管线运行安全。

依据运行实际经验，热油管线停输后，考虑到地上管线散热较快，应予以高度重视。具备站内循环流程的站场，要及时启动站内循环流程，活动、加热站内工艺管线，避免站内工艺管线发生凝管。

对于计划停输，一般应用在干线或站场工艺改造等重大施工。应合理编制施工方案，合理安排施工时间，一般应安排在夏季管线热力状况较好时进行，优化施工程序，全力压缩管线停输时间。严格执行停输施工审批程序，加强施工过程管理，确保在规定时限内完成施工任务，管线具备启输条件后，应立即组织恢复生产，并通过合理调整管线输量、温度等工艺运行参数,尽快恢复管线至正常运行状态。

对于非计划停输,一般发生在干线或主要输油设备出现异常情况下。应严格按应急预案,迅速展开应急处置工作,全力组织抢修作业,采取连接临时管线等有效措施,全力压缩管线停输时间,管线具备启输条件后,应立即组织恢复生产,并通过合理调整管线输量、温度等工艺运行参数,尽快恢复管线至正常运行状态。

(四)低输量管道运行管理

管线低输量是指由于上游来油量下降,造成管线输量低于设计输量。本节通过对管道低输量产生的原因分析,就管道在低输量条件下的运行管理进行阐述,重点是低输量对管线安全运行的影响、低输量运行管线的安全管控措施、管线不同季节安全输量的确定、确保安全输量的措施、正反输交替运行的管理等。

1. 管线低输量产生的原因

造成管线低输量的原因主要是由于油田产量下降,管线收油量下降,造成管线输量下降。

以某原油管线为例,管径为 $\phi426mm \times 7mm$,设计输量为 $350 \times 10^4 t/a$,最小输量为 $180 \times 10^4 t/a$,由于目前某国内油田原油产量持续下降,近年来供此管线外输的原油仅为 $90 \times 10^4 t/a$ 左右,远低于管线设计输量。

2. 低输量对管线安全运行的影响

对于等温输送管道,管线低输量运行时,由于管内原油流速的下降,对管壁结蜡的剪切作用下降,造成管壁结蜡加剧,运行压力上升,管线输送能力下降。

对于热油管道,管线低输量运行时,由于管内原油流速的下降,同样会造成对管壁结蜡的剪切作用下降,造成管壁结蜡加剧,运行压力上升,管线输送能力下降。同时,由于热油管道通常输送的是高黏、高凝、高含蜡原油,与等温输送管道相比,其结蜡强度加剧,管线散热加剧,对管线安全运行影响更为严重。输量过低,可能会造成油温下降过低、黏度加速上升、运行压力明显上升等不利情况,严重时会造成管线运行困难,甚至会导致管线凝管事故的发生。

3. 低输量运行管线的安全管控措施

(1)合理确定管线的安全输量

对于低输量等温输送管道,管线的安全输量主要控制管线的结蜡速度,避免因结蜡过快造成运行压力上升,输送能力下降。

对于低输量热油管道,应依据管输原油物性、管线运行状况、当量管径、管线温度场等实际情况,结合管线多年的实际运行经验,合理确定管线的安全输量。

主要通过基础数据的收集,计算低输量状态下的当量管径,依据管线实际当量管径,计算管线沿线的总传热系数,确定不同季节,在满足进站温度不低于管输原油凝点以上 $3 \sim 5 \,^{\circ}\text{C}$ 的条件下,管线需匹配的最低输量。同时对相应当量管径、最低输量下的运行压力进行核算,确认运行压力在管线允许范围内,最终确定的最低输量即为管线不同季节的安全输量。

（2）合理确定管线的安全停输时间

依据低输量运行管线的安全输量，结合管输原油物性、管线运行状况、当量管径、管线温度场等实际情况，通过停输再启动计算、分析，合理确定在低输量状态下管线的安全停输时间。

（3）管线安全输量保障措施

对于低输量运行管线，应确保管线输量在安全输量以上运行，尤其对低输量热油管道而言，是保障管线运行安全的重要基础。

一是应确保首站的库容与库存。为确保管线输量满足安全输量要求，首站应具备一定的库容，应备足一定的库容用于管线输量的调节。二是合理安排输油计划。应依据上游来油计划，合理调整不同季节的管线输量，做到既能满足管线安全输量要求，又能留存一定的库存。三是正反输交替积累库存。如来油量、首站库存不能满足安全输量时，宜采取正反输交替运行方式，积累首站库存，确保管线安全输量，确保管线运行安全。

4. 日常运行管理

对于低输量运行管线，日常运行管理的重点一是保证管线输量满足安全输量要求，二是确保各站进站温度满足不低于管输原油凝点以上 $3 \sim 5℃$ 的要求，三是确保管线运行压力在管线允许范围内。

（1）合理安排输油计划

依据年度、月度上游来油计划，合理编制管线输量生产计划和输油生产方案。在确保管线输量满足安全输量要求的前提下，合理调整不同季节的管线输量，留足首站库存，用于调整管线输量。

（2）加强日常运行监管

①管线输量监管　应保证管线输量满足安全输量要求，并留有一定的安全裕量。各级输油调度要实时监控管线输量，加强运行状态分析，及时调整工艺运行参数，确保管线输量稳定。

②运行温度监管　在确保安全输量的前提下，应加强运行温度的监管，确保各站进站温度满足不低于管输原油凝点以上 $3 \sim 5℃$ 的要求。做到有效巡检、实时监控，及时掌握影响管线运行温度的其他因素，通过提高管线输量、上站出站温度，做到提前防范与干预，确保管线运行温度满足工艺要求。

③运行压力监管　在确保安全输量、各站进站温度满足工艺运行要求的前提下，应加强运行压力监管。要做到实时监控，合理控制管线运行压力在管线允许范围内。一旦管线运行压力过高，应通过调整各站站内压差、提高站间压差过大管段运行温度等有效措施，降低管线运行压力，避免管线超压运行，避免管线因运行压力过高造成腐蚀、穿孔事故的发生，确保管线运行安全。

（3）加强正反输运行监管

在确保安全输量、各站进站温度满足工艺运行要求的前提下，随着运行时间增加，管线结蜡会逐渐增加，会造成管线压力持续上升。为避免管线超压运行，具备清管条件的管线，应进行定期清管作业，不具备清管条件的管线，应通过采取反输运行方式，将低温结蜡严重管段转变为高温管段，并辅助以高温、大排量运行，对管壁结蜡进行有效热洗，有效降低管线结蜡，提高管线当量管径，从而有效降低管线运行压力。

①合理编制反输计划及反输方案　依据输油计划，结合上游来油量，提前测算预计反输时间，编制反输方案，方案应明确反输时间、反输量、所用油品、准备工作内容、各单位部门职责、启动程序、注意事项及应急管控要求等内容，并严格履行审批程序。

②加强正反输切换过程管理　提前适当提高管线输量、运行温度，建立良好的温度场。确保切换前后管线运行平稳，避免冷油走双管程对安全运行造成影响。

③严格控制反输启动压力　因反输后，原低压运行管段转变为高压运行管段，为避免管线腐蚀穿孔等异常事件发生，应严格控制反输启动压力。

三、优化运行

长输原油管道的输量大、运输距离长、全年连续运行，耗电量、耗油量都很大。据统计，原油输送过程中所消耗的能量约占所输送原油的1%～3%。因此工艺和运行是否优化合理，对输油成本的影响很大。管道的优化总体来说可以分为两条途径，一是对管道系统的设备、流程、输送工艺等进行技术改造，使之更符合实际运行需求，简称为工艺改造优化；二是在现有系统上实现优化运行，即通过优选运行参数，使系统能耗最低，也称为运行方案优化。

（一）优化运行要求

开展工艺优化的基础是定期对管线运行情况及输油能耗数据进行总结，并结合优化运行要求开展工艺分析，以及时发现生产运行中存在的节流损失、流程冲突等不合理、不优化之处。只有先发现运行中存在的问题才能有针对性地开展优化，以提高管道系统的运行效率，降低生产运行成本。

1. 工艺要求

①应统筹考虑管输油品物性、管道运行环境、管道输送能力、资源供应、市场需求等因素并经技术经济分析后制定最优管道运行方案，以确保成本最低和管道运行安全。条件允许时，优选采用密闭输送工艺。

②管道运行中应根据输量和运行条件的变化，从全线系统分析、合理选择运行方式及泵机组配置，确保在完成输油任务的同时，实现节能降耗。

③应定期对管道进行运行分析，对实际运行与方案的偏离作出评估，指导后续方案更加合理优化。

④应根据管道结蜡状况、管输量、运行压力、运行温度、油品性质、能耗情况等确定管道的合理清管周期并定期开展清管作业。对于低负荷管道，在确定清管周期时，应进行热力和水力条件的平衡，对能耗进行综合评价。

⑤应优化站内工艺流程，减小站内摩阻损失，并加强站内设备设施保温维护。

⑥原油凝点低于管道沿线实际最低地温5℃以上，且常温输送不影响输油计划完成时，

应采用常温输送方式。

⑦加热输送管道应采用先炉后泵工艺流程，提高管道的运行效率和加热炉的安全性。直接加热方式应控制加热炉的通过量、冷热油掺和比例，减少炉管压降损失。间接加热方式应采用合理的换热流程，减少压降损失。

⑧热输管道最低进站油温应根据管道状况以安全经济为原则确定，宜高于原油凝点5℃以上运行。

⑨对于输送高凝原油的低负荷管道，条件允许时，宜采用添加原油改性剂、间歇输送方式，避免采用正反输交替运行方式。

⑩应充分利用罐区与装油点之间的位差，采用自流装车、装船。

⑪应合理利用峰谷电价政策，采用避峰就谷运行方案。

2. 输油设备要求

①应根据输量的波动范围优化泵的组合方式，使输油泵在高效区工作。

②当输油泵长期处于低负荷运行时，依据经济性对比分析结果，采用更换低排量输油泵、更换小叶轮、叶轮切削、拆级、增设变频装置等方法，使泵压与管压合理匹配，减少或消除节流损失。

③输量变化较大的管道系统，经技术经济比较后，应优先采用变频调速电动机。

④应定期对主要输油设备进行效率测试，并对系统效率进行评价，及时调整运行方式，避免设备低效运行。

⑤应采用热效率高、流动阻力小、能适应管道流量变化且运行安全可靠的加热炉。

⑥应根据实际情况优化燃料结构，加热设备宜配置油气两用型燃烧器，具备条件的输油站优先采用天然气作燃料。

⑦调节阀正常节流值不宜超过 0.5MPa。

⑧尽量减少储油罐液位的升降和倒罐的次数。

（二）工艺改造优化

管道系统在生产运行中由于管输油品物性、年输量、用户需求等因素发生变化，造成原有设备、工艺流程等不满足现有运行需要，从而产生不必要的节流损失、运行效率低下以及输油能耗偏高等问题。为减少或消除这些生产运行问题，在经过充分调研论证及经济分析可行的基础上，可以采取对原有设备设施或工艺流程进行适当改造的方式，使之符合现有运行需求，从而达到优化运行、节能降耗的目的。

1. 降低摩阻损失

管道输油过程中压力能的消耗主要包括两部分，一是用于克服地形高差所需的位能，二是克服油品沿管路流动过程中的摩擦及撞击产生的摩阻损失。其中第一部分对于某一管道来说，是不随输量变化的固定值，第二部分的摩阻损失则是随运行方式、管输量、油品物性、工艺流程的变化而变化的。因此降低压能消耗的主要方式就是降低摩阻损失。而当运行方式和油品一定时，降低摩阻损失的主要途径就是减少或消除局部摩阻损失。其主要方法如下。

（1）优简化站内工艺流程，减少局部摩阻损失

部分输油站场由于工艺落后、运行方式改变或设置不当等原因，造成实际运行时站内摩阻损失偏大，如我国20世纪七八十年代设计的原油管线多为旁接罐开式流程、原热输管线改常温后站内热力越站流程不够简洁（仍需绕到炉前汇管，途经管线距离长、弯头多）等问题在实际工作中多有存在。为消除这些不必要的摩阻损失，降低管输能耗，可以在经济分析可行的前提下，通过将开式流程改为密闭输送流程、甩开加热流程等工艺改造手段来减少局部摩阻损失。

华北某输油管线一中间站设计为旁接油罐开式加热流程，并具备接收其周边某油田来油注入功能。随着油田产能逐渐下降，油田注入量已不足管线输量的十分之一，管输进口油与油田来油的混油凝点已满足常温输送条件。为降低管输损耗和输油能耗，决定取消储油罐并将加热流程改为常温密闭输送流程，同时与油田方协商后将油田来油改为直接注入流程。通过改为常温密闭输送流程并取消储油罐，该站仅站内摩阻损失就可减少 0.06MPa，年节电约 $20 \times 10^4 \text{kW} \cdot \text{h}$。

（2）对输油设备进行改造，降低节流损失

一些输油管线在运行中由于管输油品物性或管输量的改变，造成实际运行工况偏离设计工况，进而出现管泵不匹配，并出现节流损失或效率降低的现象。这时，一般采用更换低排量输油泵、更换小叶轮、叶轮切削、增设变频装置等方法，使泵压与管压合理匹配，减少或消除节流损失。具体选择何种实施方案应结合不同方案的适用工况及其优缺点，并进行经济性对比分析后确定。

① 增设变频装置

变频装置可以实现对离心泵的转速进行调节，转速由 n_1 变为 n_2 后，其性能参数变化为：

$$\frac{Q_1}{Q_2} = \frac{n_1}{n_2}, \ \frac{H_1}{H_2} = \left(\frac{n_1}{n_2}\right)^2, \ \frac{N_1}{N_2} = \left(\frac{n_1}{n_2}\right)^3 \tag{4-5}$$

式中 Q，H，N——离心泵的流量、扬程和功率。

功率与转速的三次方成正比，与节流方式相比，在相同的流量下，消耗在阀门上的功率就可以节省下来，达到良好的节能效果。一般认为，变频调速宜处于 $75\% \sim 100\%$ 之间，并结合实际情况确定。

某条管线设计输油能力为 $2000 \times 10^4 \text{t/a}$，该管线中间站配备串联输油泵4台（三大泵和一小泵），但由于上游来油量低于 $1500 \times 10^4 \text{t/a}$ 且来油极不均衡，输油泵组合方案不能与各种输量变化的工况相匹配，只能依靠调节输油泵出口阀门进行节流，造成电能的巨大浪费。为解决能源浪费问题并降低调节难度，对中间站一台全级泵电机进行配套改造，增设一套一拖一变频调速控制装置，实现一台全级泵变频运行，通过变频调节实现低输量下较好的管泵匹配效果。变频改造投资费用单站200余万元，实际投用后每站节省电费300万元/年。可以看出通过变频改造既减小了运行操作难度，还产生了较好的经济效益，同时满足了管线运行需要。

② 切削叶轮

叶轮切削降低了叶轮的端速，从而减少了传递到原油上的能量，并且降低了泵工作时产生的流量和压力。但切削后泵的工作曲线永久性改变，输量无弹性。离心泵叶轮的最大切削量如表4-6所示。

表4-6 离心泵叶轮的允许切削量

N_S	≤60	60~120	120~200	200~300	300~500
$\dfrac{D_0 - D}{D_0}$	20%	15%	11%	9%	7%

注：N_S 为泵的比转数；D_0 为原叶轮直径；D 为切削后的叶轮直径。

东部某常温输送管线，其中间站均为开式流程，长期以来管线实际输量不足设计输量的 80%。由于各站间距不等，而输油泵却基本相同，因此导致输油泵与管线不匹配，造成日常运行中节流损失比较大。尤其是当调节工况使管线所需压力发生变化时，只能被动地调整泵出口阀开度响应其变化。为优化管线运行、降低输油能耗，对相关站场输油泵进行了叶轮切削改造。以其中一站为例：将两台输油泵进行叶轮切削改造，第一台输油泵的比转数 $N_S = 82$，因此最大允许切削量为 15%。结合实际运行需求进行核算后，次级叶轮外径由 367mm 切削到 330mm，额定流量和扬程由 550m³/h 和 411m 调整为 500m³/h 和 320m。另一台输油泵的比转数 $N_S = 68$，最大允许切削量同样为 15%。结合实际运行需求进行核算后，次级叶轮由 352mm 切削到 315mm，额定流量和扬程由 370m³/h 和 411m 调整为 350m³/h 和 320m。叶轮切削后，两台泵节流损失由改造之前的平均 1.3MPa 减少为 0.7MPa，下降明显。实际运行中耗电也明显降低，每年节约电费 200 万元以上。

③ 更换小直径叶轮

更换小直径叶轮主要是指在保证与泵的匹配前提下，将原有叶轮更换为小直径叶轮。与叶轮切削相比，换新叶轮具有当运行工况回到原设计工况时，可以换回原叶轮使泵恢复原特性的优点，如更换成本较低且测算经济效益较好，推荐采取该方案。

某输油管线首站配置 3 台额定流量为 1500m³/h，扬程为 120m，$NPSHr$ 为 5m 的进口输油泵（并联）。由于管线距离较短，实际运行时通常是 2 台泵并联运行，出站压力在 0.3MPa 左右，平均输量约为 2500m³/h，单泵排量控制在 1200m³/h，节流损失达到 1MPa，造成了大量的能源浪费。为降低输油能耗，综合考虑运行需求和输油泵参数，确定了改造后输油泵流量为 1400m³/h、扬程为 80m 的目标参数。由于需调整扬程量达到 1/3，若进行叶轮切削改造，由于叶轮切削量过大，将造成通流面积及叶片出口角改变较大，效率及抗气蚀性能将明显下降，因此不宜采用切削方式进行改造。经过方案比选和经济技术论证，最终确定了由国内企业重新设计制作新叶轮的改造方案。经过叶轮尺寸测绘、叶轮设计计算、数值模拟计算、叶轮制造等环节，该站输油泵完成叶轮改造及现场安装并投入运行，达到了额定流量为 1400m³/h、额定扬程为 80m、必须汽蚀余量不高于 5m 的主要目标参数要求，泵机组各项指标在要求范围内。3 台输油泵改造投资共约 50 万元，可减少电费支出 133 万元/年，经济效益十分显著。

④ 更换输油泵

根据不同站场的不同工艺条件,选择合适的小排量输油泵来适应当前工况。本方案投资较大,而且改造后泵参数永久性变化,适于更换小叶轮或切削叶轮方案泵匹配不佳,且改造后流量稳定的情况。

沿江某输油管线为一泵到底输送方式,设有两台并联输油泵($Q = 400\text{m}^3/\text{h}$,$H = 300\text{m}$,$N = 630\text{kW}$)。由于其实际输量不足设计输量的60%,因此长期单泵节流运行,平均节流损失达1.06MPa,能源浪费严重。其中一台输油泵机组存在着电机振动长期超标的问题。因此首先对该泵进行了叶轮切削改造,将次级叶轮外径由292mm切削到260mm,使输油泵排量在350m³/h时,节流损失下降0.65MPa,月节电60000kW·h。但运行一段时间后发现该泵机组电机振动仍然超标,因此确定了更新该输油泵机组的改造方案。结合实际运行需求,最终确定新换输油泵机组性能参数为$Q = 200\text{m}^3/\text{h}$,$H = 140\text{m}$,$N = 125\text{kW}$。泵更新后,彻底消除了电机振动超标问题,并解决了原有的"大马拉小车"现象,日节电近100000kW·h。

⑤ 不同方案的优缺点

上述不同方案的优缺点比较见表4-7。

表4-7 各种优化方法的比较

序号	优化方法	适合工况	优点	缺点
1	增设变频装置	流量变化大,且管线输油量有增加的空间	节电效率显著,调节弹性大,效率高,机械特性好	装置复杂,投资较大
2	切削叶轮	输量变化不大,后期不会再恢复。管线输量稳定减少	投资较小	无流量弹性,永久改变泵的特性
3	更换小直径叶轮	输量下降不大,管线输量稳定减少,厂家核算可以提供小直径叶轮匹配	投资较小,后期如果恢复大流量可以换回原叶轮	无流量弹性,永久改变泵的特性
4	更换输油泵	输量变化大,切削叶轮无法满足要求,老输油泵故障	泵效高,设备新	投资大。无流量弹性,永久改变泵的特性

2. 提高运行效率

部分输油站库由于工艺复杂或工艺流程设计不合理,造成输油运行时容易发生流程冲突或影响实际的接卸、中转效率。如果通过对站场工艺流程的改造,可以提高运行效率,增加接卸和管输能力,且经济效益明显,则可开展实施。但其主要缺点是改造难度大、周期长,还可能影响正常的输油生产。

某输油站为东南原油管网枢纽站点,其常用工艺流程为两进两出,由于炼厂实际需求和运行需要,所有流程均为进/出罐开式运行。但受其罐区汇管限制,一期和二期储罐(各有四座10万方储罐、两根汇管)均只能满足2个以下油罐同时进/出油运行,极易由于汇管冲突造成来油或外输线停输,给输油计划安排和运行管理带来极大影响。因此,经方案设计和比选，最终确定了将罐区汇管增至 4 根、单个罐区实现所有储罐可同时进出油的改造方案，消除了流程冲突的可能，降低了计划编排难度。

（三）运行方案优化

对于管道运行管理人员来说，当一条管线投产后，只要不进行改造，其硬件条件是不变的。但管道在实际运行时，其运行参数又受沿线地温波动、管输油品物性变化及上下游企业需求调整等因素影响。如何在管道本身及外部条件给定的前提下，合理确定最优运行方案（等温输油管道需确定管道沿线各站最优启泵方案，热油管道需确定各站最优启泵点炉方案），使管道的主要经济指标达到最佳，成为运行管理工作的主要难点，这项工作就称为运行方案优化。由于管道企业主要经济指标中的能耗和能耗费用受运行方案影响最大，因此国内外油气管道企业都将能耗或能耗费用最低作为管道优化运行的目标。

运行方案优化的基本思路就是以能耗费用为目标函数，建立管道优化问题的数学模型，再利用合适的优化方法和计算机技术自动找出最优的管道运行方案。因此，运行方案优化的关键是选择科学的优化方法。由于优化方法理论性较强，涉及的学科多，结合本教材以实用为主的编制目的，仅对常见的几种优化方法（算法）及优化的主要应用领域进行简要介绍。

1. 常见优化算法

管道的优化问题大多属于有约束的非线性规划（Nonlinear Programming，NLP）问题，本质是多元非线性函数求极值的问题。对于非线性规划问题，受其问题的复杂性和多样性限制，目前尚无可解决所有问题的统一方法。在求解不同类型的非线性规划问题时，需要采用不同的方法（算法）。目前常见的优化算法主要包括无约束优化算法、约束优化算法和智能优化算法。

由于管道优化模型的约束条件众多，采用常规优化方法，求解速度慢、对初始点要求高且求解结果易发散。因此，目前国内外科研与运行管理技术人员主要采用新型的智能优化算法对优化模型进行求解。常见的智能优化算法主要有遗传算法、模拟退火算法、人工神经网络算法、粒子群算法等。以模拟退火算法（Simulated Annealing，SA）为例。SA 算法是基于 Mente Carlo 迭代求解策略的一种随机寻优算法，其出发点是基于物理中固体退火过程与一般组合优化问题之间的相似性。SA 算法在某一初温下，伴随温度参数的不断下降，结合概率突跳特性在解空间中随机寻找目标函数的全局最优解，即局部最优解能概率性地跳出并最终趋于全局最优解。西部某顺序输送原油管道曾利用模拟退火算法对顺序输送方案进行了优化，全线总耗电量与优化前相比降低了 10.6%，经济效益十分显著。

2. 主要应用领域

（1）泵组合方案的确定

对于等温输油管道，当输量和油品性质一定时，各站间管路的摩阻损失就确定了。旁接油罐流程时，管道每相邻站间为一个水力系统，运行的优化与否取决于在该输量下每个泵站的扬程是否与该段管路匹配以及采用什么样的调节措施。由于每站设置的泵数只有几台，其组合方案较少，也容易确定。密闭流程时，管道全线作为一个水力系统进行泵的组合，因此组合方案较开式流程多，确定过程也更为复杂。是否优化取决于在综合考虑各站的动力价格、运行效率等因素的前提下确定各站输油泵运行的最佳组合，以使全线的动力费用最低。

① 数学模型的建立

设管道沿线有 n 座泵站，用 E_i 表示第 i 站的高程，L_i 表示第 i 站的里程，ΔP 表示管道在某输量下的水力坡降，P_i^d 表示第 i 站允许的最高出站压力，P_i^s 表示第 i 站允许的最低进站压力，P_0 表示首站的进站压力，P_T 表示末站所需的进站压力，第 $i+1$ 站的进站压力为 P_{si+1}，第 i 站的出站压力为 P_{di}。为方便起见，上述压力均用米液柱表示。

以各站升压值 x_i 为决策变量，以全线总动力费用 C_T 为目标函数，则目标函数为：

$$\min C_T = \sum_{i=1}^{n} C_i(x_i) \tag{4-6}$$

其约束条件为：

$$A_i \leqslant x_1 + x_2 + \cdots + x_i \leqslant B_i$$

其中：

$$A_i = P_{i+1}^s - P_0 + E_{i+1} - E_1 + \Delta P\ (L_{i+1} - L_1)$$
$$B_i = P_i^d - P_0 + E_i - E_1 + \Delta P\ (L_i - L_1)$$

因此该数学模型为：

$$\min C_T = \sum_{i=1}^{n} C_i(x_i)$$
$$s.t. \begin{cases} A_i \leqslant x_1 + x_2 + \cdots + x_i \leqslant B_i \\ x_i \geqslant 0 \quad i = 1 \sim n \end{cases} \tag{4-7}$$

② 求解最优组合

假设一个泵站上有 m 台不同规格的泵，每台泵都有两种运行状态，即停止和运转。从理论上说，该站可能有 2^m 种泵组合方案，每个组合方案有一条工作特性，在该特性上每个输量有一个扬程值（升压值）、效率值和相应的动力费用。因此，对于第 i 泵站来说，在某一输量下，如以其扬程 H_i（或升压值 x_i）为横坐标，以每日电费 $C_i(H_i)$ [或 $C_i(x_i)$] 为纵坐标作图，可得 $C_i(x_i) - x_i$ 为若干不连续的点。另外，由于升压值 x_i 不能连续变化，当需要泵站提供的升压值在两个相邻的升压值之间变化时，泵站都必须以较高的那个升压值组合运行，所耗电费也就是较高升压值对应的电费，也就是说，$C_i(x_i)$ 为阶梯函数（见图4-9）。

此外升压值 x_i 和泵站数 n 等均为离散型变量，故该问题是一个离散型的非线性规划问题，用一般方法很难求解，需要选择优化算法来求解。

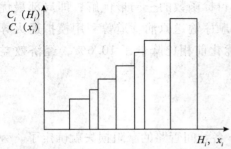

图4-9 扬程 H_i（或升压值 x_i）与日电费 $C_i(H_i)$ [或 $C_i(x_i)$] 的函数关系

由于具体求解过程较为复杂，这里就不作展开介绍了，仅举几个简单例子对其重点进行说明。

a. 受泵效影响，在确定泵组合方案时，节流小的方案不一定是最优的，应以所耗功率最小为最优目标。例如在某计算输量下，一台泵扬程为100m，效率为85%，而另一台泵在相同输量下的扬程为90m，效率为75%，油品在管道流动时所需克服的压降是70m。不难看出，这两台泵都能独自完成输油任务，使用第一台泵节流30m，而使用第二台泵节流20m，但考虑效率后第二台输油泵所消耗功率 N_2 大于第一台输油泵所消耗功率 N_1，所以尽管第二台泵节流小，但由于效率低而造成其所耗功率比第一台大。

b. 能耗量最低的泵组合方案不一定是能耗费用最低的。输油管道距离长，跨越不同的地区，各地区的电力、燃料价格不一，有时相差很大。对于密闭输油管道在安全运行的前提下，电价低的地区可多开泵，燃料价格低的地区可将油温提高，降低电耗。优化运行时应最大限度利用价格差。

c. 泵组合的最优方案不一定是可行的，应在所有可行方案中选择最优的。例如管道由2个输油站组成，每站有3台串联泵，假设这6台泵在任务输量下所能提供的压力都是1.5MPa，第二站所有泵的效率都比第一站的泵要高，如果任务输量下所需压头为7.4MPa，因此共需5台泵。确定组合方案时，很容易得出第一站运行2台泵，第二站运行3台泵费用最小。如果两个站间距基本相等，计算可得第二站的进站压力大约为 -0.7MPa，因此实际第二站输油泵根本无法正常运行。这时只能选用第一站3台运行，第二站2台运行。此方案虽不是最优的，但是可行的。

（2）确定管道月度输油计划

管道输油任务一般以自然月为单位下达。月输油计划的优化应以完成输油计划并使能耗费用最少为目标。在一般情况下，按月度输油任务平均到每天去的输量不一定在泵站与管道的工作点上。例如，该输量正好介于开5座泵站和开6座泵站对应输量之间，开5座泵站不足，开6座泵站有能量富裕，需要节流。因此，为使能耗最小，最佳方案是采用不同输量运行不同时间，从而满足月输油任务的要求。如若干天开5座泵站、若干天开6座泵站等。

例如某输油管道可以在6种流量下运行，各流量及其对应的能耗费指标见表4-8。

表4-8　不同流量下单位能耗

单位能耗/(元/吨)	0.8	0.9	0.84	1.3	1.24	1.2
流量/(t/h)	400	450	500	550	600	650

已知上级下达的月输油任务为40万吨，根据生产工艺的要求，每月的总停输时间不得超过2天，每月按30天计算。问：应如何安排管道在各种流量下的运行时间才能使全月的总能耗费最小？

解：设 $x_1 \sim x_6$ 分别表示每种流量的运行时数，S 表示全月的总能耗费用，根据流量组合原则可建立如下的线性规划数学模型：

$$\min S = 400 \times 0.8x_1 + 450 \times 0.9x_2 + 500 \times 0.84x_3 + 550 \times 1.3x_4 + 600 \times 1.24x_5 + 650 \times 1.2x_6$$

$$s.t. \begin{cases} 28 \times 24 \leqslant x_1 + x_2 + \cdots + x_6 \leqslant 30 \times 24 \\ 400x_1 + 450x_2 + \cdots + 650x_6 \leqslant 40 \times 10^4 \\ x_1 \sim x_6 \geqslant 0 \end{cases}$$

采用线性规划方法并利用计算机求解可得：全月按两种流量组合运行，在 500t/h 的流量下运行 453.3h（约 19 天），在 650t/h 的流量下运行 266.7h（约 11 天），全月最低总能耗费用为 398400 元。

这两种运行工况的运行时间不一定要连续完成，应根据首末站的罐容、首站供油量和末站外输量的限制，合理地安排这两种工况的运行时间，有时可能两种工况交叉运行，但每种工况运行的总时数满足要求即可。

（3）热油管道经济运行方案的确定

确定热油管道的经济运行方案，要比等温输油管道复杂得多，它不仅与管道的水力条件和泵特性有关，还涉及热力参数和油料的流变性等因素。但当输送任务（流量及油品物性）一定时，仍可用总能耗费用 S 作为衡量方案经济性的指标，其包括全线输油泵机组的动力费用 S_p 和原油加热所耗的热力费用 S_R。即

$$S = S_P + S_R \tag{4-8}$$

$$S_P = \sum_{i=1}^{n} S_{pi} = \frac{1000 E_d}{Q \eta_d \rho} \sum_{i=1}^{n} N_{pi} \tag{4-9}$$

$$S_R = \frac{E_y}{B} \left[\frac{1}{\eta_{R1}} \int_{T_{D0}}^{T_{R1}} C(t) dt + \sum_{i=1}^{n-1} \frac{1}{\eta_{Ri}} \int_{T_{Di}}^{T_{Ri+1}} C(t) dt \right] \tag{4-10}$$

式中　E_y——燃料油价格，元/t；

　　　E_d——电力价格，元/kW·h；

　　　B——燃料油热值，kJ/kg；

　　　ρ——所输油品的密度，kg/m³；

　　　Q——管道输量，m³/h；

　　　η_d——电机效率；

　　　η_{R1}——首站加热炉的平均效率；

　　　η_{Ri}——第 i 站参加工作的加热炉的平均效率；

　　　N_{Pi}——第 i 个参加工作泵站的泵所消耗的总功率，kW；

　　$C(t)$——温度为 t 时所输油油品的热容，kJ/kg·℃；

　　　T_{Ri+1}——第 $i+1$ 站出站油温，℃；

　　　T_{D0}——首站进炉油温，℃；

　　　T_{Di}——第 $i+1$ 站进炉油温，℃。

对某具体管道，当流量 Q、地温 T_0、总传热系数 K 及运行的加热站数和泵站数一定时，随着加热温度 T_R 的提高，热损失增大，燃料费用 S_R 增加。但由于站间平均油温的升

高，摩阻减小，动力费用 S_P 下降。S_P 和 S_R 随加热站出站油温 T_R 的变化关系如图4-10所示。不能一味提高出站油温以获得较低的动力费用，往往提高出站油温所节约的动力费用远小于热力费用的增加值，反之亦然。我们所追求的优化方案是在综合考虑动力费用与热力费用的基础上，总能耗费用最低。因此，作为二者之和的能耗费用 S 有最低点 S_{min} 存在，与 S_{min} 相对应的加热油温即为该流量下的经济加热温度 T_{Rj}。对于多个输油站组成的密闭管道，影响出站油温的因素较多，各站的经济出站油温也可能不相等，整个计算过程较为复杂，这些问题可以利用计算机技术进行计算，但这里所讲的基本思路不变。

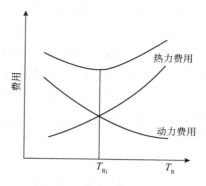

图4-10 经济进站温度与
能耗费用的关系

（4）经济清管周期的确定

当管壁积蜡时，管道流通面积减小，输送能力降低。为保持输量不变就需增加输油泵的扬程，因而动力消耗增多。对于一条设计合理的管道，不会因一有积蜡就会导致完不成任务输量，管道输送能力一般都有一定的余量，允许一段时间内管壁积蜡。在管道运行管理中为避免盲目性，提高经济效益，往往需确定经济清管周期。在确定经济清管周期时须考虑的因素有：

① 在一个清管周期内的动力费用及热力消耗（一般来说积蜡层较厚时，积蜡层使热阻增加，热力费用降低）。

② 清管作业时的总费用，包括清管器的维修、更换费、清管作业费、驱动清管器移动而增加的动力费用及人工费用。

将上述两项费用之和折合每输一吨油所需的费用 S，S 最低所对应的清管周期即为经济清管周期。对于在低输量运行的管道，管道存在严重节流时，积蜡层的存在在某种程度上起到保温作用，减小了热损失。因积蜡层增厚而引起的管道摩阻并未增加动力费用，只是利用了节流损失中的部分能量克服所增加的摩阻损失。理想状态是因积蜡而摩阻损失刚使管道处于无节流的运行工况，这时要注意的是避免管道进入不稳定区。

四、顺序输送

在一条管道内，按照一定批次和顺序，连续地输送不同种类油品的方法，称为顺序输送。

（一）混油机理与影响混油的因素

顺序输送是长输管道输送多种油品较为理想和经济的一种方法，顺序输送可以充分发挥管道的输送能力，提高管道的利用率，降低输送成本。它可以实现一条管道向多个炼厂输送多种油品的需求。但是，在输油过程中，当两种油品交替时，会在接触区形成一段混油。

混油的形成可分为油品顺序输送过程中初始混油、泵站混油和管道沿程混油。混油段在开始形成时，其长度增长较快，以后的增长逐渐变得缓慢，这是因为后行油品与前行油品接触界面处两种油品的密度差最大，致使混油长度增长迅速，而随着混油段的伸长，其两种前后行油品的密度已逐渐接近，混油长度的增长趋缓。不同流态下混油量存在较大变化，在层流状态下，由于管线轴心处的流速是平均流速的两倍，流速分布不均匀引起边界层滞缓和中心液流形成向前楔入形状，造成很长的混油段。在紊流状态下，虽有紊流扩散作用，但混油量比层流状态下要少得多。所以，长输管道运行时要选择恰当的流速，尽量在紊流状态下运行，减少管道中大量混油界面的产生。

混合输送管路冬季运行时，凝点较高、需加热输送的原油，在和温度相对较低、凝点较低的不需加热油品顺序输送时，应充分考虑地温、混油头油品的凝点和温度，以及输送低温进口油时对管道温度场的影响温度等多个运行参数，防止由于温度场温度降低，凝点高的混油散热加快，造成凝管事故的发生。

（二）混油量的计算与分析

顺序输送混油由三部分组成：

①在输油首站，进行油品切换时形成的初始混油；

②顺序输送的长输管道，由于油品在运行过程中速度场的分布不均匀和分子扩散等作用形成的混油；

③混油界面通过中间泵站、翻越点等管段时增加的混油量。目前，新建长输管道管材承压能力得到有效提升，长距离输油管线中间泵站的站间距比较长，泵站数量相对减少，因此，影响混油量的主要因素是输送距离。

1. 混油量的理论计算公式

根据对称浓度扩散理论，计算无初始混油的混油量公式为：

$$C = 4\alpha Z \sqrt{dL} \tag{4-11}$$

式中　C——混油长度，m；

　　　α——与流态有关的修正系数，令 Re_{pi} 为两种油品平均运动黏度下的雷诺值，当 $Re_{pi} = 10^4 \sim 10^5$，浓度范围在 $1\% \sim 99\%$ 时，$\alpha = 1.3$；当 $Re_{pi} = 10^5 \sim 5 \times 10^5$，浓度范围在 $1\% \sim 99\%$ 时，$\alpha = 1.25$；

　　　Z——相应于某浓度范围的积分函数的边界条件，当浓度范围在 $1 \sim 99\%$ 时，$Z = 1.645$；

　　　d——管道内径，m；

　　　L——管道长度，m。

2. 混油量的经验计算公式

奥斯汀（Austin）和柏尔弗莱（Palfrey）收集并分析了有关顺序输送管道的大量试验和生产数据，给出了混油量的经验计算公式，并作了如下规定。

①不考虑输送顺序对混油的影响，混油的黏度按下式计算，并由此计算雷诺数。

$$\lg\lg(\nu \times 10^6 + 0.89) = \frac{1}{2}\lg\lg(\nu_A \times 10^6 + 0.89) + \frac{1}{2}\lg\lg(\nu_B \times 10^6 + 0.89) \quad (4-12)$$

式中　ν——混油的计算运动黏度，m^2/s；

ν_A——前行油品在输送温度下的运动黏度，m^2/s；

ν_B——后行油品在输送温度下的运动黏度，m^2/s。

②根据对称浓度条件，将前行油品浓度为 1%～99% 范围内的混油长度定义为混油段的长度。

混油段雷诺数 Re：$Re = \dfrac{4Q}{\pi d \nu}$

根据临界雷诺数 Re_j 将流动状态划分为两个区域，从而选择相应的混油长度计算公式：

$$Re_j = 10000e^{2.72d^{0.5}} \quad (4-13)$$

当 $Re > Re_j$ 时，为紊流——平滑区，混油长度随雷诺数的降低增长缓慢，此时：

$$C = 11.75d^{0.5}L^{0.5}Re^{-0.1} \quad (4-14)$$

当 $Re < Re_j$ 时，为层流——陡斜区，混油长度随雷诺数的降低而急剧增加，此时：

$$C = 18384d^{0.5}L^{0.5}Re^{-0.9}e^{2.18d^{0.5}} \quad (4-15)$$

式中　Q——油品在管线内的体积流速，m^3/s；

d——管道内径，m；

e——自然对数的底，$e = 2.718$；

C——混油段长度，m；

L——管道长度，m。

（三）减少混油量的技术措施

两种油品交替输送时，如何减少混油量是运行中尤为注意的问题。工艺运行中应注意以下几个方面：

①由于水击会增加混油量的扩散，运行中尽量减少流程和设备的启停操作，沿线阀门的开关在不产生水击的情况下时间越短越好。

②长输管道在经过翻越点时，由于翻越点后面的自流管段内油品会出现不满流和流速增快的现象，造成混油量增加。因此，在有翻越点的管道顺序输送不同油品时，运行中应尽可能提高输量，避免不满流现象。

③在确定输送次序时，应尽量选择油品物性相近的两种油品前后输送，以减少混油损失。

④两种油品顺序输送时，应尽量加大输量。研究表明，流速大时，混油体积要相对小一些，当油流雷诺数 >10000 时，混油量很小。

⑤管道顺序输送时尽量不要停输，如确实需要停输，应尽量避免混油段停留在陡点或坡度较大的地段。

⑥每批次输送计划里的一种油品，应尽可能增加一次的输送量。

⑦批次计划安排应和输油运行及炼厂需求紧密结合，当不同黏度油品在一起输送时，

尽量先输送黏度小的油品后输送黏度大的油品。

⑧根据首、末站油库库容情况，尽量增加每批次计划输油量。

（四）顺序输送过程中的运行调整

当管道中有两种或多种油品顺序输送时，由于管道沿线流体的黏度和密度有较大变化，在油品替换时，输油泵特性和管道特性都会发生变化，输油泵特性的变化是在油品交替的短时间内完成，而管道特性的变化需要经历较长的时间，它随管路中两种油品长度的变化而改变。因此，在顺序输送管道运行管理中，必须充分考虑它的特殊性。

密闭输油管线在输送两种物性差别较大的油品时，油界面前后的压力会呈现相反的变化趋势（见图4-11），重质油品运行管段压力逐渐上升，轻质油品运行管段压力逐渐下降，当运行站队入泵压力不足以维持泵运行或出站压力高时，应根据管道沿线各输油站进出站压力，及时停运下游泵机组或启运上游泵机组，防止轻质油品管段压力持续下降，造成进站压力低跳泵和重质油品管段压力高超压现象的发生。

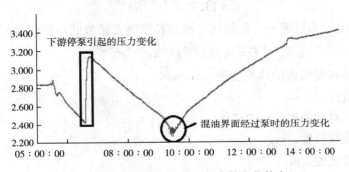

图4-11　顺序输送管道运行参数变化特点

（五）顺序输送过程中混油界面的获取

由输量推算混油界面的方法，适用于对原油品质要求不高的情况。混油界面从首站出发后，累计计算管道外输油量，推算出混油界面在管道中的位置，混油界面位置＝输油量÷单位管容，根据管道油流的平均速度预测混油界面到达的时间。此方法简单易行，但混油量却难以控制，并且要求准确掌握管道容量、输油量等运行参数。

通过数据采集系统观察进出站压力变化也可确认混油界面的位置。高密度原油替换低密度原油时，本站压力上升，下游各站压力下降；反之本站压力下降，下游各站压力上升。此方法简单易行，但不能提前预测混油界面到达时间。

混油界面的准确获得，还可以通过化验密度的办法来确定。在计算混油界面到达切割站（库）之前，通过安装在线密度仪观测或人工取样对来油密度进行重点监测。人工取样时间间隔为 10～30min，测得密度变化明显时，要缩短取样时间间隔。根据测定的实际密度，对比前后两种原油各自的纯油密度，计算出浓度变化，确定混油界面是否到达。

（六）注意事项

①顺序输送过程中，当管道输送油性差异较大的油品时，会增加设备启停频率。所以，计划编制人员要全面考虑运行中设备频繁启停对管道安全的影响，对差异较大的不同

油品外输，应尽量安排在白天输送。

②混合输送管路冬季运行时，在输送凝点较高的油品时，应做好特殊油品的输送预案工作。预案应包括：输送前提升加热炉热负荷；提高单位时间外输量；管道沿线加强巡护，防止管道泄漏造成停输事故；加强监护管道运行参数变化，发现出站压力异常上升时，进一步采取加温加压措施等。

（七）实例分析

某管线按照国产油：进口油 $=6:1$ 质量比例进行配输，国产原油密度为 $0.9370 kg/cm^3$，进口油密度为 $0.8760 kg/cm^3$，进行质量换算后得混油密度为 $0.9283\ kg/cm^3$；现场测定混油凝点低于3℃。

图4-12是某管线加热顺序输送时油头到达某站时进站温度变化情况，图的上部分是混油的温度，下部分是进口油的温度，从图中可以看出：

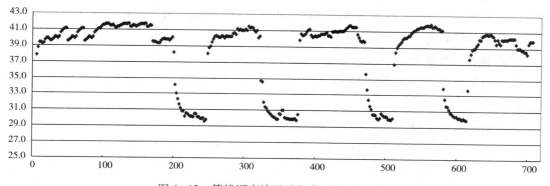

图4-12　管线顺序输送过程中运行温度变化

当进口油顶着混油尾到达某站时，进口油温度最高，然后迅速下降，降到30.2℃时趋于稳定，并保持平缓态势；当混油顶着进口油尾到达某站时，混油温度最低，然后迅速上升，趋于稳定并保持平缓态势。从图中可以得出，混油头刚刚到达下游站进站时的温度为热油输送周期的最低温度，运行中最需注意的是要保证混油的这个最低温度不低于其凝点。

五、配比输送

（一）配输的目的

为了保证生产需要、提高经济效益，炼油企业对原油品种的选择不断向多元化、高硫化、高酸化、重质化发展。在原油品种越来越多、品质参差不齐的情况下，通过配输提高原油混合的均匀程度，以满足不同炼化企业对原油品质的特殊要求，确保原油稳定供应。

（二）配输的优点

原油管道配比输送工艺有以下优点：

①可使组分油储存罐减少，且能连续作业，减少油罐容量。

②管道配输适用于大批量的调和。组分油能合理利用，尤其对批量较大的油品，可以提高配输质量。

③减少中间分析，节省人力，取消多次流程切换和混合搅拌，节约时间，降低能耗。

④由于全部过程密闭操作，减少了损耗。

⑤在操作过程中容易改变配输方案，若在线控制仪表稳定、可靠，可确保配输比例。

（三）配输的实现

进口原油进港后，根据油品的物性分别储存在不同储油罐内，根据炼厂、油库等客户的需求进行顺序输送或按一定比例混合后进行输送，混合比例通过调节给油泵出口的阀门，使给油泵油品输出比例达到配输要求，达到混合的目的。这种配比流量范围波动较大，混合比例误差很难控制。为保障泵在高效区工作，降低能耗损失，给油泵可增设变频系统，或在泵出口管线上设置超声波流量计和调节阀，根据系统设定的配输比例自动调节流量，达到需要的混合比例。

1. 配输控制工艺要求

①给油泵组能进行两种油品的配输。人工手动输入油品一、油品二的名称和配输比例、配输总流量。

②控制模式分为独立调节、自动配比两种。定义如下：

a. 独立调节模式：各台给油泵出口调节阀"远控手动"或"远控自动"独立运行；

b. 自动配比模式：调节阀处于"远控自动"状态，根据两种油品的配输比例和配输总流量，自动计算每台泵出口流量调节回路的流量设定值并显示，必须经人工确认后生效。

③配输画面上要显示：

a. 配输油品的名称；

b. 配输控制模式；

c. 配输比例的设定值、实际值；

d. 配输总流量的设定值、实际值；

e. 各个调节回路的画面。

2. 运行操作注意事项

①启输时，应采用独立调节模式，建议调节阀"远控手动"运行。待运行平稳后，可根据工艺运行需要，先将调节阀切换至"远控自动"（切换前注意检查该回路实际流量与人工输入的设定流量应基本相符，确保切换时开度平稳），再切换至自动比例模式（切换前注意检查该回路实际流量与自动计算的设定流量应基本相符，确保切换时开度平稳）。

②在自动配比模式运行时，若工艺运行要求大幅调整总流量或比例，修改设定值时应尽可能分级逐步修改至新目标值，以确保调节阀不会动作过快。

（四）实例分析

某输油站与多条输油管线衔接，形成了输油管道三进四出的格局，即：接收三条管道来油，同时负责向四条管道供油。

1. 输油泵设置

（1）外输泵

目前，站内共有 15 台外输泵机组，分别用于四条管线的外输工作。

（2）给油泵

目前，站内共有 17 台给油泵机组，分别用于三条外输管线主泵的给油和配比输送，各泵均按流程分区域布置，分别抽取不同罐组的油品，进行配比外输。

2. 原油配输

其中三条管线设有原油配输系统，其配输方式采用给油泵后调配的方式，其配比根据总部下达的原油配置计划和配输原油，原油配输的方式采用不同油种在不同储油罐内经不同给油泵加压后，再进入主输油泵的入口汇管中混合，以达到两种原油不同比例的重量配比。原油的配比采用流量计和调节阀控制每一油种进入主输油泵入口汇管的输量，以实现两种油品不同比例的重量调和。

3. 配比操作

（1）手动模式

直接在调节阀输出位置输入开度值，阀门即开至此开度。

（2）流量模式

① 设置出站总流量。

② 设置比例参数。

③ 点击"应用"按钮确认比例参数值。如出现输入错误，可以关闭此窗口并重新打开来恢复。

④ 确认各条管线的设定流量值及实际流量值是否符合投用流量调节的要求。

⑤ 点击"流量"模式投用。

注意：流量模式下所有参与配比管线的设定流量均根据出站流量设定值乘以相关比例系数计算得出。如某条管线不参与配比，请将相应的比例参数设置为 0。

（3）比例模式

① 设置出站总流量。

② 设置比例参数。

③ 点击"应用"按钮确认比例参数值。如出现输入错误，可以关闭此窗口并重新打开来恢复。

④ 确认各条管线的设定流量值及实际流量是否符合投用比例调节的要求。

⑤ 点击"比例"模式投用。

注意：比例模式下，所有参与配比管线的设定流量均由出站总流量设定值计算出的 V531 调节阀设定值而定，以 V531 调节阀实际流量值为基数，进行配比计算。V531 调节阀必须参与配比，若 V531 调节阀不参加配比，则必须选择流量调节。

（4）注意事项

① 流量模式投用条件：参与配比的管线实际流量值均大于设定流量值。

② 流量模式下所有参与配比管线的设定流量值均根据出站流量设定值乘以相关比例系数计算得出。如某条管线不参与配比，请将相应的比例参数设置为 0。

③ 比例模式投用条件：在调节阀全开的情况下，参与配比管线实际流量值仍小于设定流量值。V531 调节阀必须参与配比，若 V531 调节阀不参加配比，则必须选择流量调节。

④ 比例模式的计算方式：根据出站总流量设定值计算出 V531 调节阀的设定值，并根据 V531 调节阀的实际流量值，通过比例参数计算出其他管线的流量设定值。

第三节　能 源 管 理

我国属人口大国，各种资源相对匮乏，人均拥有量远低于世界平均水平，尤其是能源问题，已经成为制约国家经济和社会发展的重要因素。解决我国的能源紧缺问题，根本出路就是坚持开发与节约并举、节约能源优先的国策方针。节约能源资源被我国视为与煤炭、石油、天然气和电力同等重要的"第五能源"。

《中华人民共和国节约能源法》颁布实施后，节约能源，提高能源利用综合效率成为评估现代重大工程的一个重要标准。提高能源利用效率是让有限的能源物尽其用，节省不必要的能耗，例如空屋亮灯、机械空转、待机耗能、跑冒滴漏等，没有目的的耗能就是浪费。对于企业而言，要保证可持续的长远发展，节约能源作为一个"降本减费"的重要措施，是企业需要始终坚持的重要举措，尤其是管道输送行业，能源作为输油系统的动力、热力来源，能源综合利用及节约管控在生产运行中起着至关重要的作用。本节主要围绕能源概述、管理基础及节能途径等内容进行简要介绍。

一、能源基本知识

能源是指能够转换成机械能、热能、光能、电磁能、化学能等各种能量的资源，是发展工农业、国防科技和提高人民生活水平的重要物资基础。能源是一种可被利用的原料。

（一）能源分类

按照形成条件，可以将能源可以分为两大类：一类是在自然界中以天然原始形态（未人工处理）存在的能量资源，如原油、天然气、原煤、太阳能、水能等，也可以称作"一次能源"，也就是通常意义上的天然能源；另一类是由一次能源直接或间接转换成为其他种类和形式的能源，如汽油、焦炭、电力、蒸汽、热水等，叫作"二次能源"，也就是人工能源。

按照使用技术状况，可以将能源分为两种：常规能源和新能源。常规能源（也称为传统能源）是指在现阶段科学技术条件下，世界上已经得到广泛使用，而且技术相对较为成熟的能源，如煤炭、原油、天然气、水能等。而在现阶段的科学技术条件下还不能完全掌握或应用范围较小的能源，我们称之为新能源，常见的如核能、沼气能、海洋能等。

能源分类详见表4-9。

表4-9 能源分类表

类 别	一次能源		二次能源	
常规能源	泥煤 无烟煤 油页岩 原油 植物秸秆（生物质能）	褐煤 石煤 油砂 天然气 水能	煤气 煤油 重油 甲醇 苯胺 蒸汽	焦炭 柴油 液化石油气 酒精 电力 热水 余能
新能源	核燃料 风能 地热能	太阳能 潮汐能 海洋能	沼气 激光	氢气

（二）能源与排放

能源直接利用一般是将能源中的有机碳氢化合物，与空气中的氧气燃烧得到热量的过程，生成的产物是二氧化碳、水及其他物质。随着人类活动增加，能源需求大幅上升，由于人为原因排放的二氧化碳等温室气体，逐渐成为全球气候变暖的主要因素。目前，气候变化所带来的影响，将波及地球上每一个国家的每一个居民，甚至会改变人类的生存方式，所以应对气候变化已成为世界共识，也是全球化时代国际社会面临的最重要挑战之一。能源节约与减少温室气体排放不只是经济发展的必然趋势，也成为保护地球共同家园的客观需要。

1. 碳盘查概述

碳盘查是以政府或企业为单位计算其在社会和生产活动中各环节直接或者间接排放的温室气体（Green House Gas，GHG），也可称作编制温室气体排放清单。目前，企业碳盘查普遍采用的标准是ISO 14064，主要是促进GHG排放清单和项目的量化、监测、报告、审定和核查具有明确性和一致性，供企业、项目实施者和其他利益相关方在有关活动中采用，进而提高GHG量化、监测和报告的可信性、透明性，便于提高跟踪检查GHG减排和清除增加的绩效和进展的能力。碳盘查的主要用途是：识别和管理与GHG相关风险和机遇，包括GHG的排放清除和减排，便于企业对GHG配额和信用额的买卖。因此，有效开展碳盘查工作，对于企业掌握碳排放、把控碳资产尤为重要。

根据管道行业特点，碳排放源主要分为能源直接排放源和能源间接排放源，常见的分类如图4-13所示。

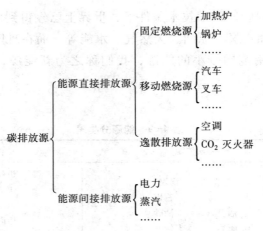

图 4-13 碳排放源

管道企业碳排放类别相对较少，其中主要排放源为电力、蒸汽等能源间接排放源，热输管道还有一部分加热炉等直接排放源。对于如何做好管道企业碳盘查工作，主要需注意以下几点：

①确定组织边界 为了避免遗漏掉排放设施，同时避免不同报告方将共同控制的设施进行重复计算，一般根据营运边界进行界定，也就是对于公司能从财务或运行方面予以控制的设施的所有定量 GHG 排放和（或）清除进行计算，常用的是营运控制权，公司对于其自身或其子公司享有运营控制权的业务的全部排放量负责。把握这一原则，确定公司碳盘查组织边界，对于业务交叉的，根据运行控制权，确定其排放量归属。

②选择量化方法 企业应选择和使用能合理地将不确定性降至最低，能够得出准确、一致、可再现结果的量化方法。管道企业依据生产特点，一般采用直接测量法、质量平衡法及排放系数法等方法进行量化，其中排放系数法采用温室气体活动数据与温室气体排放或清除因子相乘方法来计算排放源、清除汇的温室气体量。计算公式如下：

$$排放量 = \sum (AD_i \times EF_i \times GWP_i)$$

式中 AD——活动数据的实物量；

EF——排放因子；

GWP——全球暖化潜值。

③明确基准年份 基准年是作为对比使用，并以达到 GHG 方案所需要求而建立的一个基准年份，可以是单一年份、多年平均数，也可以是滚动基准年。企业一般是选择一个数据保存完整、可供核查的年份作为一个基准年。

④做实活动数据 活动数据的收集应坚持来源可靠、计量准确、可再现的原则，尽量收齐所有数据原始佐证，以最准确的数据来计算排放量。例如某企业管道巡护汽车所使用的汽油，其原始数据来源于汽车加油原始凭证，一般为加油卡明细单或加油发票（需明确标注汽油数量）。

2. 碳核查概述

碳核查工作是对企业碳盘查结果进行核查的过程，重点就其盘查过程是否符合 ISO 14064—1 相关要求，确保温室气体盘查清册和温室气体报告符合相关性、完整性、一致性、准确性和透明性的原则，公司组织边界和营运边界、免除盘查条件、基准年选择等事项是否完整准确。核查工作主要分为四个阶段：核查准备、文件核查、现场核查、核查跟踪和证书发放。各阶段工作要点如下：

①核查准备　根据企业实际情况，成立核查小组，制定核查计划，确定核查方向（抽样计划）。受检方准备温室气体相关资料文件，做好迎检准备。

②文件审查　核查小组确认受检方提交资料的完整性和真实性，进行内部评审。核查小组提出评审发现，受检方反馈相关信息。

③现场核查　核查小组现场核查温室气体信息系统，抽样核查量化方法，同时跟进文件核查时发现的问题。核查小组综合现场证据，提出现场核查发现。

④核查跟踪　核查小组核查完毕，给出核查报告，明确核查发现，并跟踪整改，同时优化信息系统，加以完善提升。

二、能源计量管理

能源计量工作是企业加强能源管理、提高利用水平的重要手段。在能源采购、运输、使用、转换的过程中，都需要通过测量能源的数量，以控制并提高其使用效率。企业忽略了能源数量管理，就不能量化各个生产环节的能源消费情况，就无法开展各项节能技术与措施。

做好能源计量管理主要涉及三个方面：一是要合理配置满足要求的能源计量设施；二是要规范能源计量设施的管理，按照规范要求定期检定和校准，以保证计量准确性；三是要充分做好能源统计数据实际管理中的综合利用，做到"心中有数"。能源计量管理是贯穿于生产全过程的，通过计量设施得到的能源使用量，及时分析能源利用状况，发现工艺优化、技术革新和管理改进等节能措施，促进企业合理用能。

（一）计量单位

能源计量单位是指为统计能源数量而选定的，可作为参考的单位度量。按照能源的计量方式，可以将能源计量单位表示方法分为三种：

一是直接利用能源的实物计量来表示，例如煤炭的质量，吨（t）；

二是采用基本能量单位来表示，例如热力的热量单位，焦耳（J）；电力的计量单位，千瓦时（kW·h）等；

三是利用能源的当量单位表示，管道企业常见的当量单位是当量煤和当量油。

由于各种能源的存在形态和使用方式不一，对能源实物量进行直接计量时，往往采用的是不同计量单位，例如对固体能源多采用质量单位，气体能源多采用体积单位，液体能源多采用质量单位。按照《中华人民共和国法定计量单位》的规定，为了保证计量信息传递的一致性和准确性，企业在能源计量工作中应认真严格执行国家的有关规定，统一采用法定计量单位。

（二）当量单位

能源的实物量表征的是特定度量，相互之间是不能直接进行比较和加和的。为了便于能源计量与分析，考虑到能源具有的共同的特性，都可以转化成能量，可以选定某种燃料作为标准燃料，以其基本单位作为计算依据，利用各种能源含热值与标准燃料热值的对应关系进行换算，也就是能源折算系数法。标准燃料的计量单位也就是我们定义的当量单位。

国际上习惯采用的标准燃料主要有两种：一种是标准煤；另一种是标准油。我国能源主体结构是以煤炭为主，国内最常用的当量单位是标准煤。原油管道企业因其行业特殊性，燃料构成含有一部分的燃料油，企业也可选用标准油作为当量单位。下面主要从热值的基本概念和标准燃料的规定出发，介绍标准燃料的含义及能源实物单位与当量单位之间的换算关系。

1. 能源的热值

能源通过燃烧过程，会释放出一定数量的热量。单位能源实物量得到完全燃烧，燃烧产物冷却到燃烧前的温度，此过程所能释放出来的全部热量就是能源料的单位热值，也叫单位发热量。能源的热值有高低之分，高位热值是指能源得到充分燃烧，且燃烧产物中的水蒸气凝结为水之后的全部发热量，这一数值是由实际测量得到的。低位热值则是指能源得到充分燃烧，燃烧产物中的水蒸气仍以气态形式存在的部分发热量，它的数值等于高位热值减去水蒸气凝结热，是由以下公式计算得到的：

$$低位热值 = 高位热值 - 水蒸气凝结热 \times 燃烧产物中的水蒸气数量$$

2. 当量热值与等价热值

当量热值是指某种能源实物量所含的真实热量，一般是固定不变的，例如汽油的当量热值是 42054kJ/kg，电的当量热值是 3600kJ/（kW·h）。等价热值是指为了获得一定单位的某种二次能源或耗能工质（如压缩空气、氧气、各种水等）消耗一次能源量所产生的热量。等价热值是在当量热值基础上，增加了一次能源转换为二次能源或耗能工质的能量损失，因此等价热值是个变化量，与能源加工转换效率直接相关。等价热值可以通过以下公式计算求得：

$$等价热值 = 当量热值/转化效率$$

严格意义上讲，等价热值应按照实测数据进行计算。在无实测数据时，也可选取一些经验值作为参考。

3. 耗能工质

耗能工质是指生产过程中所必需的，不可以用作原料，也不能加入产品，制作时还需要消耗部分能量的工作介质（如压缩空气、氧气、各种水）。只有作为能量形式使用的耗能工质，才具有等价热值和当量热值的概念。

4. 标准煤与标准油

标准煤是指以标准煤的当量热值作为换算标准，来计算和表征其他能源数量的方法。

标准煤的度量目前尚无国际公认的统一标准，联合国、日本、俄罗斯和西欧部分国家等按照29.3MJ（7000kcal）折算1kg标准煤，而英国则是根据各种煤的加权平均热值来确定当量热值的，按照25.5MJ（6100kcal）折算算1kg标准煤，由于热当量值的计算方法不同，数值差别相当大。我国的GB/T 2589《综合能耗计算通则》规定，国内通用低（位）发热量等于29.3MJ的原煤作为标准煤（1kgce）的度量。统计时一般采用t（吨）、kt（千吨）、Mt（兆吨）作为度量单位。

标准油是指以标准油的当量热值作为换算标准，来计算和表征其他能源数量的方法。与标准煤一样，到目前为止国际上也没有公认的统一标准。我国一般采用热值为41.87MJ/kg（10000kcal/kg）的燃料油作为标准油的度量。统计的常用单位有吨油当量（Ton Oil Equivalent，简写为TOE）和桶油当量（Barrel Oil Equivalent，简写为BOE）。

5. 标准煤和标准油折算方法

要计算某种能源折算成标准煤或标准油的数量，首先要得到这种能源的折标系数，能源折标系数可以由下式计算得到：

能源折算系数 = 能源实际含热值/标准燃料热值

根据能源的折算系数，可以计算出具有一定实物量的该种能源换算为标准燃料的数量，也就是"折标煤"。其计算公式如下：

能源标准燃料数量 = 能源实物量 × 能源折算系数

管道企业常用的能源折算标准煤系数如表4-10所示。

表4-10 管道企业常见能源的折算标准煤参考系数

能源名称	平均低位发热量	折标准煤系数
原煤	20908kJ（5000kcal）/kg	0.7143kg（标准煤）/kg
焦炭	28435kJ（6800kcal）/kg	0.9714kg（标准煤）/kg
原油	41816kJ（10000kcal）/kg	1.4286kg（标准煤）/kg
燃料油	41816kJ（10000kcal）/kg	1.4286kg（标准煤）/kg
汽油	43070kJ（10300kcal）/kg	1.4714kg（标准煤）/kg
柴油	42652kJ（10200kcal）/kg	1.4571kg（标准煤）/kg
液化石油气	50179kJ（12000kcal）/kg	1.7143kg（标准煤）/kg
天然气	38931kJ（9310kcal）/m³	1.3300kg（标准煤）/m³
煤焦油	33453kJ（8000kcal）/kg	1.1429kg（标准煤）/kg
热力（当量）	—	0.03412kg（标准煤）/MJ [0.14286（标准煤）/1000kcal]
电力（当量）	3596kJ（860kcal）/(kW·h)	0.1229kg（标准煤）/(kW·h)

（三）管理要求

为了能够全面了解能源计量情况和合理配备能源计量设施，同时方便能源利用水平考核和提高能源计量管理水平，就需要企业在能源计量管理上达到以下要求：

①能源计量管理是一项系统工程，必须在企业各有关部门，如能源管理、计量机构、设计、工艺、设备、能源、生产等有关部门的密切配合下，对企业用能构架、能源计量配置和能源统计管理情况等内容进行系统的调查和研究，摸清企业存在的主要问题，这是搞好能源计量管理的第一步。

②能源计量器具的配备要根据行业特点、用能品种和方式、企业生产规模和经营管理方式、生产工艺特点（包括工艺流程、介质特性、供应路线以及专业化、自动化程度等）对计量数据的收集、储存、处理、控制、反馈的需要，结合组织框架，绘制公司能源计量网络图，由此编制企业能源计量设施配备的年度计划。

③企业必须集中管理能源计量，统一检测数据。为了保证对能源实现定额管理和考核数据可靠、准确、一致、可比，安装配备的能源计量器具必须把生产和生活分开；自用和外销分开；用作原料的和用作燃料的分开；主要生产系统与辅助生产系统、附属生产系统分开；企业与企业附属集体分开。禁止用随意分摊的办法统计或核算能源消耗。

④企业要根据使用中能源计量器具种类、数量、使用频率、环境优劣和计量器具内在品质建立健全能源计量标准器和量值传递系统。制定检定周期，并按规定严格执行周期检定。不得将不合格的计量器具投入使用。

⑤企业要根据国家及地方的有关规定并结合自身实际健全能源计量管理制度。

三、能源统计管理

能源作为企业的成本管控目标，依据企业特性，一般执行分级、分类的统计管理模式，便于能源管控。对于管道输送行业，点多线长，能耗使用地点分散、能源种类较多，能源统计工作较为繁杂，管理上多采用公司、分公司、站场等多级管理的模式。

（一）能源统计概述

能源统计是运用企业综合能源指标体系和系统性的计量模式，采用合理的统计分析方法，研究能源在企业生产各个环节的流通过程和数量变化的一门专业统计。能源统计的基本任务就是要准确、及时、全面、系统地搜集、整理和分析整个能源系统的数据资料，如实客观地反映出企业的能源利用水平、能源经济效益、能源平衡状况等内容。

能源统计报表主要由年报表、定期报表（月报表或周报表）构成，报表主要存在于企业统计报表和能源统计报表制度当中，有以下几个方面的内容：

①能源生产、销售和库存统计。是将能源视为产品，由能源生产企业填报，用于观察能源生产环节的运行状况，这里的库存是指企业的产品库存。能源生产、销售和库存统计建立在企业统计报表制度中。

②能源采购、使用与库存统计。是将能源视作消费资源，由能源使用单位进行填报，以便于其统计能源在各个环节的使用状况。在对能源利用统计时，如有能源转换的，企业还需填报能源转换活动统计报表，以便于统计和分析能源转换活动中的投入与产出之间的定量关系，这也是企业能源消费统计的管理基础。

③能源经济效益统计。用于反映能源节约、能源利用率的情况。对于能源种类繁多，

无法逐一统计计算的企业，为了反映企业综合用能情况，也可以采用单位工业总产值所消耗的综合能耗（简称为万元产值综合能耗）作为计算依据。

（二）能源消费

能源利用是能源流转过程的终点。能源使用情况统计主要是客观地反映企业能源消费的数量、质量和构成情况。能源使用与能源生产、能源输转、能源转换、能源储备之间都有很大的相关关系。

1. 能源使用量

能源使用量指能源使用单位在统计周期内实际消费能源（包括一次能源和二次能源）的数量。企业能源使用总量是将各种能源折算为标准燃料的数量，相加得出的，这也是企业投入使用的全部能源，没有扣除能源各个品种之间转换的重复统计。

能源使用量统计的主要原则是：

①遵照"谁使用、谁统计"原则。不考虑能源的资产所有权归属，而是由哪个企业实际使用的，就由其进行能源使用量统计。

②遵守"不投入、不统计"原则。也就是能源投入使用了，企业才去统计使用量，不投入时不统计。

③避免重复统计。在计算企业综合能源使用量时，应当扣除二次能源的产出物的回收利用量（例如蒸汽余热）。

④耗能工质不统计。耗能工质作为能量传递的工作介质，本身不产生或消耗能量，不统计在企业能源使用总量中。

2. 企业能源使用量

企业能源使用量是指企业在生产过程中使用的能源量，一般作为企业燃料、动力、原料等使用，可以分为生产能源使用量和非生产能源使用量。

企业生产能源使用量是指企业为进行生产活动而使用的各种能源。主要包括以下几种：

①用于企业开展生产活动所使用的各种能源，包括用于材料、燃料、动力用途的能源。

②企业生产过程中作为辅助材料所使用的各种能源。

③新技术研究、新产品试制、科学试验过程中所使用的各种能源。

④企业为了保障生产而进行检维修过程中所使用的各种能源。

⑤企业生产区内的辅助用能，如照明、广播等。

企业非生产能源使用量是指在企业能源使用量中，扣除企业生产能源使用量以外的其他能源使用情况，例如企业施工单位进行技术更新的过程用能，办公区域的辅助用能，科研、供应、信息等单位用能。

（三）节能量计算

节能量是一个相对关系之间的比较量，主要是和基准周期相比较，在满足相等条件下，节约和少利用的能源总数量。一般是通过对基准周期的计算指标进行对比，得出某时段的节能量。

1. 节能量的计算指标

基准周期内节能量的基础计算指标主要分为单位增加值能耗、单位产值能耗、单位产量能耗、单位工作量能耗等。因管道输送企业的能耗特殊性，一般采用单位产值能耗或单位工作量（如输油量、周转量）能耗作为节能量的基础性指标，以便于输送能耗的统计与分析。

①单位产值能耗　产值是指企业的生产总的产值，是以货币状态来表现的，也是反映企业在特定时期内生产规模和技术水平的重要基础指标。单位产值能耗是指生产一万元产值所消耗的能源，也叫作万元产值能耗，是直接反映企业能源消费水平的主要指标，该指标的万元产值必须采用的是可比价产值。

②单位工作量能耗　是指企业生产或经营一个工作量所消耗的能源量，能够直接反映出企业的生产能耗水平和节能效果。

2. 节能量的计算原则

①计算范围　企业应根据实际综合能源使用量计算节能量。综合能源使用量是指某个周期企业实际消费使用的各种能源总量，消除重复计算部分，各种能源折算为标准燃料单位的加和。

②计算单位　企业可以结合节能量实际需要，选择实物单位或标准单位作为计算指标。如计算综合节能量，则应按照规定折算为标准燃料单位，再综合汇总。

③产值可比　计算节能量所采用的企业产值应具有可比性，以便于企业与基准周期进行对比。

④对比基准　能源的节约或浪费是相对特定基准周期而言的。计算节能量时，可以根据实际需要，选择不同的基准周期，可以和上年度的数据进行比较，称作同比；也可以和相邻的上个时期数据进行比较，称作环比。

3. 节能量的计算方法

企业一般是依据单位产值能耗来计算节能量的。企业的总节能量是指在特定周期内，通过加强生产管理、提高技术水平、调整产业结构、优化工艺流程、节能技术改造等措施，所能节约或提高能源利用的能源数量，这一数据综合反映了企业节能的总成果，是企业考核各二级单位节能工作的重要管理指标。常用计算公式为：

企业总节能量 =（基准周期内能源使用量/基准周期内工业总产值 –

报告期内能源使用量/报告期内工业总产值）× 报告期内工业总产值

=（基准周期内单位产值能耗 – 报告期内单位产值能耗）×

报告期内工业总产值

注：① 计算结果为正，表明企业节能。

② 企业总产值应选用可比价产值。

应该说明的是，节能量是一个相对比较的量，节能量的计算不是能源之间的简单加和关系，计算企业节能量不等于各二级单位产值能耗计算的节能量之和，节能量只能套用上述计算方法重新计算得出。

4. 节能率的计算方法

节能率是指某个报告期内单位产值能耗比基准周期内单位产值能耗降低的比例，一般是百分比例。例如国家"十三五"规划中提出的约束性指标之一，到 2020 年万元 GDP 能耗要比 2015 年下降 17% 以上，17% 即为节能率，这个指标是反映企业能源节约程度的综合性管理指标，也是衡量企业节能措施效果的重要标志。

根据核算对比的目标不同，节能率的计算可以按照企业的单位产值能耗、产品工作量能耗分别计算；也可以按照某种能源单独计算或综合能源折算标准燃料计算，一般是折算为标准燃料进行计算。

按照统计周期，节能率可以分为：年度节能率和累计节能率，若要计算特定时期内的平均节能程度，也可以计算企业的平均节能率。节能率的计算公式主要为：

（1）年度节能率

节能率（%）＝［（当年度企业单位能耗/上年度同期单位能耗）－1］×100%

（2）累计节能率

累计节能率（%）＝［（报告期内的企业单位能耗/基准周期内的企业单位能耗）－1］
$$×100\%$$

（3）平均节能率

平均节能率（%）＝［（报告期内的企业单位能耗/基准周期内的企业单位能耗$)^{1/N}$－1］
$$×100\%$$

注：① 式中的 N 为报告期与基准周期所间隔的年数。

② 以上节能率计算公式所得结果为正数时，表示企业不节能。

（四）能源统计分析管理

能源统计分析管理是在调研大量的统计资料和深入基层调研的基础上，运用统计分析的基本原则和方法，对能源在企业生产各环节中的变化规律、平衡情况、使用构成、经济效益、利用效率等相互关系，进行的分析、研究、判断的过程，最终提出的是符合企业实际的工作结论和管理建议。

1. 能源统计分析的种类

能源统计分析通常分为以下几类：

①定期分析　主要是反映企业的能源生产、输转、使用、回收情况，企业能源成本管控水平，节能计划制定及完成情况等。一般分为月度、季度、年度等经常性的定期分析，分析内容应简洁明了，力求分析的实效性。

②专题分析　"以问题为导向"，主要是对某一项设备或问题的专门分析，例如对企业节能显著或能源使用浪费较为严重等企业关注问题进行专题分析，分析内容应主题鲜明、突出重点，抓住问题根源进行深入分析，并提出解决问题的切合实际的管理建议。

③综合分析　主要是对企业能源利用和经济效益进行较为全面的分析，例如对能源综合利用的平衡状况进行的综合分析，这种分析直接反映了能源在企业生产经营各个环节的

内在联系。

2. 企业能源经济效益分析

企业能源经济效益分析，主要是研究企业能源变化情况以及能源创造经济效益变动的原因，就数量而言，是指企业能源使用量与所取得的经济效益的相关关系，直接反映出能源使用所带来经济效益的多少。能源经济效益既可以表述为相同能源消耗所取得成果的多与少，也可以表述为取得相同成果所消耗能源的多与少，二者为倒数关系。单位产值能耗是企业最为根本的能源经济效益指标，其他如能源利用率、节能率等指标也可以间接地反映企业能源经济效益状况。

①单位产值能耗状况分析　该分析是通过将企业特定周期内的能耗情况与基准周期进行比较，分析单位产值能耗指标的执行情况以及完成情况，对其综合状况进行深入分析，基本的做法是将实际单位产值能耗与定额指标进行对比。

能源消耗定额指标是企业在综合分析设备、工艺、操作、生产、技术水平，以及能源构成、管理水平的基础上，完成特定数量的工作而规定的能源消耗数量，是一个标准评定值，一般是企业可以达到的平均消耗水平。能源消耗定额指标在企业能源管理中起着至关重要的作用，指标体系的建立就是为了合理分配能源和督促用能单位提高能源利用效率，降低能源消耗，提高企业综合竞争力。

②单位产值能耗变动分析　单位产值能耗波动受多种因素影响，从能源利用过程上讲，能源的生产、处理、使用的各个环节都存在一定的损耗，将这些因素引起的波动与定额指标进行对比分析，就可以找出影响能耗变动的具体原因。

③能源消耗经济效果分析　企业可以根据管理需要，从多个角度进行能源消耗的经济效果分析，可以选用万元产值能耗变化幅度、万元产值能耗变动比作为分析依据，也可以选用国内外同行业的先进水平作为标准进行对比，最终目的是分析企业的能耗水平，找出差距和原因，不断提升企业用能水平。

企业还可以选用能源利用率作为效果分析的依据，是从企业用能的角度来反映能源消耗的经济效果，一般包括设备能源利用率、工艺能源利用率等，主要是反映企业能源转换效率的高低，从侧面也可以反映企业的用能水平。

能源消耗经济效果与企业实际情况息息相关，受到多种因素的影响，其中主要有以下几种：

a. 劳动生产率的提高　一般情况下，经过技能提升，员工的劳动生产率提高一倍，则消耗相同数量能源所产生的产品就可以增加一倍，也就是单位产值能耗降低一半。

b. 材料利用率的提高　能源消耗实际上是将原材料进行重新组合，形成所需产品的动力，如果原材料利用率提高一倍，则消耗相同数量能源所完成的工作量也相应地增加；反之，就是能源未合理利用，存在能源浪费的情况。

c. 设备利用率的提高　通过技术革新、设备升级，将高耗能的陈旧设备更新，减少能源使用过程中的间接消耗，提高能源利用效率。

d. 加强能源科学管理　通过建立科学的管理体系，制定切合企业实际的管理制度，加强合理功能管理，减少不必要的能源消费和损失。

3. 企业节能量的核算与分析

企业根据管理需要进行节能量的核算与分析，可以按照节能因素进行计算，主要有以下几种：

①综合节能量　根据企业单位产值综合能耗来分析，目的是全面地反映企业节能成果，综合评价其用能水平。

②单位产值能耗节能量　计算公式为：

$$单位产值能耗节能量 = （报告期内企业单位产值能耗 - 基准周期内的单位产值能耗）\\ × 报告期内企业的工业总产量$$

③技术改造节能量　是指相同作业条件下，企业采用节能技术或设备改造后所减少的能源使用量，是衡量企业节能技术和设备改造项目节能效果的直接指标。计算公式为：

$$技术改造节能量 = （技改后的能耗/技改后的产值 - 技改前的能耗/技改前的产值）\\ × 技改后的产值$$

公式中的能耗均为一种或几种能源的综合折算量，具有可比性。

④能源替代的节能量　是指企业调整能源结构，采用新型能源，减少能源消耗或提高能源品质而节约的能源数量。计算公式为：

$$能源替代节能量 = （单位产值替代后能耗 - 单位产值替代前能耗）× 产值$$

除上述节能量之外，企业还可以分析降低损失、优化工程等带来的节能量。

四、主要节能途径

节能管理不是要简单地降低企业能源使用数量，更不能影响到企业的生产活力，降低生产水平，而是以提高能源利用效果为目的，以尽可能少的能源创造出更大的生产价值，这也是节能管理的经济性概念。节能管理内容主要包括两方面：一方面是要加强能源的合理利用，进行节能技术改造，提高能量综合利用效率，降低企业单位产值的能源消耗量，也可以称为直接节能；另一个方面是要加强企业运维管理，实际生产中减少能源消耗量，提高产出质量，从而达到少用能源的目的，也称之为间接节能。

企业的能耗水平是由多种因素相互作用共同影响的，例如自然条件、社会因素、技术水平、管理要求等。但是，节能管理方法主要涉及三个方面，即结构节能、管理节能、技术节能。以下结合管道输送企业的能源管理要点，简要介绍主要的节能途径及示例。

（一）结构节能

我国的单位产值能耗远落后于世界平均水平，究其原因，除了技术和管理水平相对落后外，经济结构不合理也是其中尤为重要的原因。经济结构包括产业结构、产品结构、地区结构等，这里着重介绍产业结构及产品结构。

1. 产业结构

不同管道对于能源的依赖程度是不同的，有高有低，各管道不一。企业管理中，可结合实际，增加节能型管道的使用比例，减少耗能型管道的使用时间，企业就会朝着节能方向发展。例如，某加热输送管线耗能高，某常温输送管线耗能低，在保证安全运行的前提下，适当控制加热输送管线的能耗比重，可有效控制企业的整体能耗水平。

2. 产品结构

随着国家向供给侧倾斜，各行业逐渐向节能型方向发展，企业服务也向高附加值、低能耗的方向发展。例如国家大力发展的精细化工、生物化工、新型材料等能耗低而附加值高的行业；管道行业中采用的加热炉换烧天然气工程，减少二氧化碳排放，既有利于企业优化能源结构，又有利于满足国家环保要求，环境和社会效益提升显著。

（二）管理节能

总体而言，我国各行业的能源管理水平还有待提高，还存在管理难点，不够标准规范，通过多种手段加强管理来实现节能的潜力还很大。企业在加强节能管理方面主要应做好以下四点。

1. 建立健全能源管理机构

为了落实各项节能管理工作，企业必须要有相对专业而稳定的管理队伍，专业化管理和监督企业的能源利用，制定年度节能规划，组织实施各项节能技术和措施。例如某管道企业建立的多级能源管理体系，具有机构执行力强、制度执行严谨、能耗分级清晰、统计分析准确的优势。

2. 建立企业的能源管理制度

企业为了便于管理，要对各种耗能设备及工艺流程编制相应的技术手册和操作规程；对于发现的节约能源和浪费能源情况，要及时督促跟进，并相应地给出奖惩。例如某企业建立能源监测机制，定期监测输油泵、加热炉等高耗能设备的使用效率，发现设备耗能异常时，及时采取改进措施，进而降低能耗。

3. 合理编制生产计划

企业应当根据油品、能源、生产、设备等实际情况，确定运行方式，以确保设备处于较为合理的负荷率；根据生产工艺对能源的要求，合理利用各种能源，优化能源结构。例如，管道输油计划的编排，相对于波动较大的运行工况，稳定运行工况的能耗要小得多，输油计划编排时可统筹考虑维修计划、上下游需求等因素，保持管线运行的相对平稳，使得能耗水平控制相对稳定，处于能耗可控水平；某低输量运行管线采用的"避峰就谷"模式，通过低谷用电、高峰限电方式，可以大大节约电力成本，年节约用电成本达到了60万元。

4. 加强计量管理

企业应当健全能量计量体系，以方便对能源使用情况进行准确的统计和核算，有利于企业强化能源管理，加强科学管理。例如大型用热设备的燃料单独计量，有利于摸清耗能设备的能耗水平，可以利用数据统计，分析优化设备的能耗波动情况，从而提出节能措施，同时单独计量能源还有利于成本核算的比照，也有利于交接设备检定周期的确定，避免发生交接经济损失。

（三）技术节能

通过新技术、新工艺、新设备等手段实现节能管理是企业能源管理中最为重要的方面，节能技术和措施还有利于提高运行效率和产值效益，综合经济效益显著。下面主要介绍石油石化行业常见的节能技术。

1. 工艺节能

管道行业生产工艺相对简单，但是部分枢纽站场工艺流程较为复杂，因此，生产工艺节能的范围也很广，这里仅简要介绍工艺节能的基本方向。工艺节能主要是工艺技术升级或简化，减少不必要的能源浪费，起到节能优化的目的。例如，某输油管线充分利用输送进口油比例增大的有利时机，调整进口油与国产油的比例，降低油品凝点，减少加热炉运行台时，年节省天然气达到了 $205 \times 10^4 \mathrm{m}^3$，按照平均气价 3.05 元/$\mathrm{m}^3$ 计算，年节省天然气效益可达到 625 万元。

2. 设备节能

管道行业的设备种类不多，但是多为高耗能设备，主要包括输送设备（输油泵）、换热设备（锅炉、加热炉、换热器等），每一种都有其独特的节能方式。

①输送设备　对于高负荷、可变工况的设备，采用转速控制、变频设备等控制其能源使用。例如某管线输油泵机组增设的变频调速装置，年可节省电量 800 万千瓦时，按照电价 0.75 元/千瓦时计算，年节省电力效益达到了 600 万元。

②换热设备　对于热输管线或维温管道所使用的供热设备，加强设备保温，降低热负荷，强化能源利用效率；对于锅炉和加热炉，可以通过控制空气比例，提高完全燃烧率。例如某输油管线上使用的真空相变加热炉，该加热炉采用的是两回程湿背间接加热式结构，通过炉内热媒水（蒸汽）相变换热，冷凝式烟气余热回收器的使用，将排烟温度降低至 100℃ 以下，有效地利用烟气潜热，热效率高达 95%，彻底改变了长输管道加热炉效率较低的局面。

3. 过程节能

过程节能是指从用能过程角度，根据能量品位和实际需要，合理匹配生产过程所需要的动力，或是根据工艺生产需要，对能量的需求进行优化，达到节能目的。例如某管线实施的输油泵叶轮改造项目，开展对进口输油泵叶轮更换为小叶轮的自主研发，降低输油泵节流损失，全年节约电量约 70 万千瓦时，折算标煤量为 86 吨，节电效益达到了 56 万元，项目计划投资仅需 100 万元，回报周期为 1.8 年，经济效益极为显著。

4. 控制节能

控制节能主要包括两个方面内容：一是节能管理需要结合生产运行；二是通过优化运行来节能。节能管理与生产运行是息息相关的，通过加强计量工作，做好生产运行过程中的能量核算和用能分析，为节能管理打好基础条件。例如某站场使用的热水锅炉替代蒸汽锅炉工程，根据实际用能需要，对现有设备进行更新，减少"大马拉小车"情况，每个采暖期可节约天然气 43.2 万立方米、节水 2.9 万吨，年可节节约生产成本 164 万元。

生产过程中，各种参数的波动是不可避免的，如原油压力、温度、输量等，若生产优化条件能随着这些参数的变化相应变化，将能取得很好的节能效果。例如某企业大力推行的工艺流程优化理念，某输油首站借助于该理念，优化改造外输模式，实现码头来油进罐后直接外输功能，减少原有的转油流程，可以满足码头卸油与管道外输同时作业的要求，每年可减少库内二次输转量800万吨，节省用电350万千瓦时，折算成本260万元。

第四节　调控管理

一、调度系统

输油调度是输油管道生产管理指挥枢纽，按照原油配置计划和调度指令，指挥输油生产运行，同时协调与油田、码头、炼化等上下游企业的相关事宜。始终秉承"安全第一，服务至上"的宗旨，以运行优化、节能降耗为己任，严格执行各项规章制度、标准、规程，实现输油生产全过程的安全管理。输油调度利用先进的SCADA系统、泄漏检测系统、工业电视系统以及调度语音系统，全面指挥管道输油生产。

输油调度一般设三级调度，即公司调度控制中心、输油处（油库）调度室（应急值班室）、输油站（队）调度（运行）岗位。

（一）调度主要工作内容

1. 输油计划安排

①根据输油计划，制定输油运行滚动作业计划。

②分析输油运行工况，制定输油优化运行方案。

③协调与油田、港口码头、石化企业、国储库、船务及外贸代理商等相关事宜。

2. 输油运行安排

①根据输油运行滚动作业计划和输油运行方案，组织实施、指挥输油生产。

②收集输油运行参数，协助处理与输油运行有关的突发事件。

③协调与输油运行相关的各种事宜。

（二）职责与权限

1. 调度控制中心基本职责与权限

①指挥输油生产，并对各输油处（油库）调度室（应急值班室）、各输油站（队）输油调度（运行）岗位行使指挥、协调职能。

②对具备一级调控条件的管线实行一级调控。

③制定输油运行滚动作业计划，优化运行方式。

④收集、掌握油田、港口码头交油、库存、船情、气象等动态，平衡、协调各输油单位之间的管道输量等事宜。做到均衡、合理输油，完成输油计划。

⑤掌握各石化企业需求，平衡各库（站）库存。

⑥协助处理与输油运行有关的重大事件。

⑦收集各条管线运行参数，分析掌握运行情况，及时记录相关管线输油设备运行状况及检修进度。

⑧确定各条输油管线工艺运行参数：最高输油压力；最低输量；最低、最高运行温度；允许停输时间。

⑨授权输油处（油库）对部分管线行使输油运行指挥权。

⑩负责向上级部门汇报各条管线输油动态、重大事件处理等情况，反映需上级相关部门协调的问题等。

⑪传达、执行上级指示和决议，并检查落实情况。

⑫审批与输油管线运行相关的停输施工、设备退出运行、设备投入运行等方案、报告。

2. 输油处（油库）调度职责与权限

①传达、执行上级调度控制中心调度命令，并检查落实执行情况。

②收集输油运行参数，分析、掌握输油生产运行动态，向上级调度控制中心汇报，并对运行中存在的问题提出意见和建议，确保管线安全运行。

③掌握所辖站（库）收、输、销、库存及油轮动态。

④收集、掌握输油设备、SCADA 系统工作状况、检修进度。

⑤负责与油田、炼厂、码头等相关企业的业务联系，并及时向上级调度汇报油田、港口码头交油、库存、船情、气象等动态。

⑥负责协调指挥与运行相关的检修、检测及新设备、新工艺等在所辖管道上的工业性实验。

⑦协调处理输油过程中的突发事件，详细了解并跟踪现场处置情况，负责突发事件处置快报的上报和管理。

3. 输油站（队）调度职责与权限

①及时、认真执行上级调度命令。

②按时收集、填写运行记录，及时分析运行参数，并向上级调度汇报。

③负责填写工艺流程操作票、设备启、停操作票，操作票填写内容应清楚、规范、无误，经审核签字后组织实施，操作时必须有人监护。

④主动做好与上、下站间的业务联系，本站运行方式变动前必须告知上、下站（队）及相关企业，首、末站调度应做好与油田、炼厂、码头等企业的沟通协作工作。

⑤掌握并汇报本站（队）运行动态和主要设备状况。根据工艺要求，有权向上级调度申请择优选用参加或退出运行的输油设备。

⑥输油运行中的设备检修、试验和标定，应提前向上级调度请示，作业实施前、后应向上级调度汇报。

⑦对违章作业的现象应及时纠正。

⑧协调处理输油过程中的突发事件，详细了解并跟踪现场处置情况，负责突发事件处置快报的上报和管理。

（三）调度命令

1. 调度命令的级别

调度命令分为一般调度命令、重要调度命令和紧急调度命令。

①一般调度命令　适用于正常输油运行中的参数调整。

②重要调度命令　适用于调整输油计划、改变运行方式、对某项操作进行特殊要求、安排重要作业内容等。

③紧急调度命令　仅适用于事故状态或有事故征兆的非常规作业。

2. 调度命令的下达形式。

调度命令的下达形式分口头调度命令和书面调度命令。

①口头调度命令　适用于一般调度命令和紧急调度命令。

②书面调度命令　适用于重要调度命令。

3. 调度命令的下达及要求。

①调度命令只能在同一输油调度指挥系统中，自上而下下达。

②调度命令下达时要记录、录音，并由受令人复述无误后按规定时间执行。调度命令的录音应至少保留72h，涉及事故处理、重要调度令、紧急调度命令的录音应保留至输油运行恢复正常、事故处理结束后72h。

③一般调度命令由值班调度直接下达；重要调度命令由调度长批准后下达；紧急调度命令由值班调度下达，下达后应立即向调度长汇报。

④下达书面调度命令要注明调度命令编号、内容、批准人、发令人、时间等。

⑤下级调度如对上级调度下达的调度命令有异议时，应及时向上级调度申述，如上级调度不予采纳，下级调度必须按照上级调度下达的调度命令执行。

⑥各级调度对调度命令执行情况要及时逐级汇报。

⑦任何单位和个人不得干预调度值班人员发布或执行调度命令；调度值班人员执行调度命令时，有权拒绝各种干预。

二、操作与控制

设备操作控制分为现场就地控制和远程控制。就地控制是指操作人员在现场对设备进行启停操作。远程控制分为站控和中控，站控是指输油站站控值班员在站控机上进行设备的启停操作，中控是指中心调度员在中控机上进行设备的启停操作。在管线启停输过程中，就地控制和远程控制原则基本相同，本章重点介绍中控状态下管线的启输。

（一）启输前的准备

①根据输油计划的安排，确定启输时间，并将输油计划及时通知沿线输油站，各输油站做好启输准备后向调度控制中心反馈启输确认条件。

②操作前应就操作方案在班组内部进行讨论，并就设备投用情况与输油站对接明确。

③根据输油计划确定启输工况，明确操作前流程、操作后流程及操作步骤，按照要求

填写启输操作票，并经站控人员、中控人员及中心值班长签字确认。

④检查各输油站设备（包括机泵、阀门、流量计、电气仪表、通信等）完好备用、设定值准确且处于远控状态，调节性阀门设定值准确且处于远控状态，联锁保护系统、泄压流程正常投用。

⑤确认各站供电设备工作正常，电压、电流稳定，通信线路畅通。

⑥确认各站权限处在中控状态。

⑦线路所有截断阀门处于全开位置，单向阀处于正常状态。

⑧各站进行启泵的准备工作，主输泵和给油泵满足启泵条件，泵进口阀门处于全开状态，出口阀门处于设定的开度（即中间位）。

（二）操作控制原则

①流程切换操作遵循"先开后关"的原则，即确认新流程已经倒通后，方可切断原流程。

②倒通流程操作遵循"先低压后高压"的原则，即先倒通低压流程，后倒通高压流程。切断流程则相反。

③流程倒通特指流程上所有截断性阀门均处于全开位置。

④主输泵切换时应避免造成泵入口压力超低、出口压力超高。

⑤工况调整时应避免管道系统压力突然升高或降低，影响管线的安全平稳运行。

⑥控制参数超出联锁保护值，保护未能正常动作时，必须立即人工干预，尽快使控制参数降低至联锁保护设定范围内。

⑦管道运行过程中，非运行状态的完好设备，必须处于备用状态。

（三）启输过程

①通知沿线各输油站全线开始启输，要求输油站人员现场监护。

②中控开始按照操作票从上游向下游启输。

③全线启动完毕后，逐渐调节输量至计划量，启输完毕，转入正常运行监护阶段。

（四）操作注意事项

①在所有准备工作进行完毕、启输条件确认完毕后，方可进行启输操作，严禁在准备工作不彻底或条件不明确的情况下盲目启输。

②全线启输时应根据设定的进站压力，从上游向下游依次启输沿线输油站。

③启输过程，应使管线流量平稳增加直至计划输量，防止出现憋压、液柱分离和压力流量大幅度波动的现象。

三、流程切换

（一）流程切换原则

①工艺流程的操作与切换，应严格执行操作票制度，集中调度、统一指挥，非特殊及紧急情况（如即将或已经发生火灾、爆管、凝管等重大事故），任何人未经调度人员许可，不得擅自操作或改变流程。

②一切流程切换均应遵守"先开后关"的原则，即确认新流程已经倒通并过油后，方可切断原流程，要做到听、看、摸、闻。

③流程切换前，必须提前填写操作票，并和受影响的上、下站（游）调度运行人员联系，充分做好切换流程的准备工作，确认无误之后方可进行操作。

④流程切换时，应保持整个系统运行压力的相对平稳，防止管道系统压力突然升高或降低，避免造成管道超压或输油泵过载。

⑤具有高、低压衔接部位的流程，切换时必须先导通低压部位，后倒通高压部位。反之，应先切断高压部位，后切断低压部位。

⑥热输管线的流程切换，不得造成本站或下站加热炉突然停流。如果涉及进炉油量减少或停流时，必须在加热炉压火或停炉后方可切换。

⑦手动阀流程切换时，必须缓开缓关，以防发生水击现象损坏管道或设备。手动阀开完后，要将手轮倒回半圈至一圈。

⑧变换运行方式，应根据运行状况考虑对沿线各站和设备负荷的影响。泵的切换程序，一般遵循"先启后停"的原则。在管道系统接近最大工作压力或供电系统不具备条件时，也可"先停后启"。不论采取哪种切换方式，都应做好启运泵和停运泵之间的排量调节，以使出站压力保持相对平稳。

⑨一般情况下，禁止在仪器仪表无保护无指示的情况下进行操作，禁止在通讯中断时进行设备启停或流程切换操作。

（二）首站流程切换操作

首站工艺流程操作主要有以下几项：

①接收来油，计量后储于罐中；

②倒罐；

③外输（配输）；

④发送清管器。

1. 收油

首站需要接收码头油轮来油或油田来油。收油操作是指将原油从油轮或者油田接卸至首站油罐的作业过程，是首站油库的重要作业之一。下面以卸船操作为例进行介绍。

（1）准备阶段

① 油库与船代、货代、油港沟通，掌握船舶到港时间、油种和提单量，制定卸船方案。

② 船舶到港后，油库运销人员上船监护商检检尺、测温、取样，计算油轮所载油量。

③ 根据上一级调度下达的原油接卸指令，油库进行库内管道及油罐等设备、设施的检查与准备，切换卸船流程，达到卸船作业的条件。

④ 油库调度与油港调度联系，确定具体卸船作业时间与程序。

⑤ 油库、油港调度双方确认各自的卸船准备工作全部完成，并共同签署卸船作业单。

（2）实施阶段

① 打开卸船进库阀门，倒通卸油进罐流程，油轮启动卸船泵，进行卸船作业。

② 卸船前后及卸船过程中，油库应与码头、船方加强协调和沟通，共同确认相关流程，确保卸油流程无误。

③ 卸油过程中，油库应密切监视进库压力、温度和罐位变化，根据同时进罐的个数及相关安全操作规程，确定相应的卸油速度，并及时通知船方调整排量。

④ 卸船作业中不停卸船泵倒罐时，应提前通知油港调度降低卸油量。

⑤ 卸油过程中，油库应加强对储油罐运行状况的检查，卸油结束后，应再次确认储油罐的完好情况。

⑥ 计量人员依据国家、行业的标准，进行取样、化验和计量等工作，计算原油的入库油量。卸油完毕后，油库应及时掌握罐内原油的各项物性参数。

⑦ 卸船作业全部完成后，关闭卸船管道的进库阀门和储油罐罐前阀门。

⑧ 卸船作业结束后，油库、油港调度互通情况，并进行全面检查，汇报上一级调度。

⑨ 卸船作业结束后，油库运销人员监护商检人员检验油轮底舱量，督促船方卸净原油，并逐舱检验，确认卸船后所剩底油量。

（3）注意事项

卸船过程中的倒罐作业应遵守"先开后关"的原则，先适当开启后进油罐的进罐阀，待前进油罐液位到达规定要求时，再全开后进油罐的进罐阀，关闭前进油罐的进罐阀。

2. 倒罐

倒罐操作是指在油库内部，通过转油泵将油料从一个油罐转输到另一个油罐的作业过程，也是首站油库重要作业之一。

（1）准备阶段

根据计划倒罐时间，油库进行油罐、库内管道、倒罐泵等设备、设施的检查与准备，达到倒罐启动的条件。

（2）实施阶段

① 倒通倒罐流程。流程切换完成后，汇报上一级调度。

② 根据上一级调度指令，进行倒罐作业。采用自压方式倒罐时，应缓慢开启罐前阀门控制进出罐的流速；需要启动倒罐泵时，根据上一级调度指令启动倒罐泵并调节排量。

③ 接到倒罐停止的指令后，停运倒罐泵。两台倒罐泵运行时，应逐台停运倒罐泵。

④ 关闭发油罐、收油罐罐前阀门，并切换停运流程。

⑤ 全面检查，并向上一级调度汇报。

（3）注意事项

注意收油罐与外输罐液位变化，定时对收油量与付油量进行比对，防止流程切换错误或阀门内漏等原因造成管道串油。

3. 外输

首站作为长输管道运行的起始输油站，首站的外输操作对于整条长输管道平稳运行相当重要。

（1）启输操作

① 准备阶段：接到上一级调度外输启动的指令后，油库完成油罐、库内管道、输油泵等相应设备、设施的检查与准备工作，达到外输启动条件。

② 实施阶段：

a. 油库按照输油计划和上级调度令，倒通相应的外输流程。流程切换完成后，汇报上一级调度，并通报下游输油站库或收油单位调度。

b. 油库调度和收油单位调度确认外输管道下游各输油站库具备启动条件后，根据上一级调度指令，启动第一台输油泵，待运行压力平稳后，汇报上一级调度，并通报下游输油站或收油单位调度。

c. 根据上一级调度指令，需要启动下一台泵时，应提前控制在运泵机组的负荷，防止出库压力超高。启泵前后，应向上一级调度汇报并通报下游输油站库或收油单位调度。

d. 加热输送的管道，在外输水力条件稳定后，投用换热器，调节换热器的负荷，按要求控制原油出库温度。

e. 实时跟踪监视设备、设施的运行参数，每2h录取出库压力、温度和外输量等运行参数，按要求向上一级调度汇报或通报收油单位调度。

f. 根据上一级调度指令，调节原油的出库压力和温度，并通报下游输油站库或收油单位调度。

g. 根据外输油罐的液位高度及生产运行的需求，进行外输油罐的流程切换。

③ 注意事项：首站出站压力的控制需缓慢提高或降低，待压力平稳后再进行下一步操作。

（2）停输操作

① 准备阶段：接上一级调度外输停止的指令后，外输油库进行外输停止前的检查与准备工作，达到外输停止的条件。

② 实施阶段：

a. 油库调度和收油单位调度确认外输管道下游各输油站达到外输停止条件后，逐渐降低油库的外输量，并停运输油泵。

b. 对加热输送的管道，应逐渐降低运行换热器的负荷，并停运换热器。待换热器停运后，停运输油泵，关闭输油泵出口阀。

c. 切换相应的停输流程，并关闭出库阀门。

d. 全面检查，汇报上一级调度，并通报收油单位调度。

4. 发送清管器

发送清管器主要包括发球前的检查、清管器的装入、清管器发送流程的操作、发球筒内原油回收等。发球作业过程中每步操作要进行过程确认，填写发球作业确认单。

（三）中间站流程切换操作

中间站流程随着输油方式（密闭输送、旁接油罐）、输油泵类型（串、并联泵）、加热方式（直接、间接）的不同而不同，工艺流程操作主要有：加、减压；升、降温；输量调节（分输）；收发清管球；越站、反输。

1. 启、停泵

（1）准备阶段

根据计划输量、中间站的进站压力、输油泵配置情况，尤其是泵的特性曲线进行估算，明确启、停输油泵的台数和工艺编号。

（2）实施阶段

① 中间站调度根据上级调度指令，对需要启、停运的输油泵按照单体设备操作要求进行启泵前的检查；

② 填写操作票，签字审核后向调度汇报；

③ 通知上下站；

④ 按照操作规程进行启、停泵操作；

⑤ 现场进行检查，输油泵启、停运行参数正确无误后，汇报上级调度。

（3）注意事项

① 启泵过程中应避免因启泵造成入口汇管压力超低甩泵；

② 当有多台泵要启、停运时，遵守逐台启、停运原则，避免管线压力大幅波动，造成较大水击影响。

2. 启、停炉

（1）准备阶段

根据输送油品物性、计划输量、下站需要满足的进站温度等测算本站需要运行的加热炉负荷，明确点、停炉台数和工艺编号。

（2）实施阶段

① 中间站调度根据上级调度指令，对需要启、停运的加热炉按照单体设备操作要求进行启、停炉前的检查；

② 填写操作票，签字审核后向调度汇报；

③ 通知上下站；

④ 按照操作规程进行点炉操作；

⑤ 现场检查加热炉进出炉温度、炉膛负压等运行参数，正确无误后汇报上级调度。

（3）注意事项

① 启、停炉过程中要及时调节加热炉负荷，保持需要的出站温度和下一站的进站温度；

② 当有多台加热炉要启、停运时，遵守逐台启、停原则。

3. 输量调节（分输）

（1）准备阶段

根据输油计划，明确分输输量。

（2）实施阶段

① 中间站调度根据上级调度指令，填写操作票，签字审核后向调度汇报；

② 通知上下站；

③ 对分输管道上的调节阀进行流量设置；

④ 当流量显示达到设置值，进出站压力、流量达到稳定后，向上级调度汇报。

（3）注意事项

① 输量调节过程中要密切注意泵入口汇管泵压，防止因输量突然变化造成压力过低甩泵；

② 对于密闭分输的输油中间站，输量调节是经常性的操作，为避免管道发生大的压力波动，分输的输量调节一般通过调节阀来实现，且调节阀参与联锁保护，有效降低压力波动；

③ 对于旁接油罐的中间站，尽量保持接、收油输量持平，防止不均匀对站内罐容的影响。

4. 收、发清管球

接收清管器主要包括收球前的检查、清管器接收流程操作、收球筒内原油回收、取球作业等。收球作业过程中每步操作要进行过程确认，填写收球作业确认单。

发送清管器主要包括发球前的检查、清管器的装入、清管器发送流程操作、发球筒内原油回收等。发球作业过程中每步操作要进行过程确认，填写发球作业确认单。

5. 越站

越站包括压力越站、热力越站和全越站；相互切换时要严格遵循先开后关、缓开缓关的原则。

（四）末站流程切换操作

末站主要是接收中间站来油、进罐储存或经计量交接后向下游炼化企业输送。一般具有计量收油操作、流量计标定、接收清管器、反输等操作；若进行顺序输送，还需分类进罐，切割混油、混油处理等操作。

若末站直接与炼厂相连，则只需进行交接计量，然后直接进炼厂原油罐；若末站自有原油罐，可直接经流量计计量后进罐。

四、输油作业计划

（一）输油作业计划的下达及执行程序

原油是我国的战略物资，是国家的经济命脉。国家依据国民经济的总体发展需要制定宏观的年原油生产计划，集团公司根据各油田的产量及下游炼厂的加工情况制定年度、季度及月度管道输油计划，公司依据月度计划，结合炼厂需求及船期，制定短期内输油方案并组织输送。调控中心综合考虑炼厂需求、管输能力、油品物性、输油流程、到港船期、油田来油、设备检修、非计划停输等多方面因素，制定直接指挥管道运行的输油作业计划。输油作业计划是指导管道运行管理的依据，也决定了管道运行成本。制定合理、优化的输油计划，有利于实现管道的安全、平稳、高效运行。

输油作业计划以3~4天为一个周期滚动制定，清楚下达了在未来几天管网内各个码头卸船进罐计划，中间各个油库的启停输时间，启泵情况，外输罐号、油种、输量、所输炼厂、进下一站的罐号等。同时对于高凝点、高含硫化氢原油的输送会有相应的提醒。各级调度接到输油作业计划后，应认真熟悉，每条计划执行前应向调控中心请示，操作前应通知上下站，并按指定的时间、指定的罐号进行进出油操作。

（二）输油作业计划编制难点

目前输油作业计划编制过程中的难点主要有：

①不同种原油的油品性质相差较大，必须分开存储，并且要求具有相似性质的油品只能进装有相似性质罐底油的储罐，而各站库的库容又有限，这就增加了调度计划编排的难度。

②炼厂为了提高经济效益，经常要求不同种油品按比例输送进厂混炼，例如有些管线还增加了精密配输装置，在工艺流程操作和调度计划编排上都增加了一定难度。

③码头存在油轮集中或者延迟到港、一艘油轮装载多种油品需要分储等问题，必须合理安排油轮进港及接卸，以减少等候时间，降低滞期费用，提高码头利用效率。

④为降低成本，近几年炼厂采购的油品经常出现高凝点、高含硫化氢等性质，这无疑增加了管道运行的难度，也给运行计划的编排增加了一定的困难。

⑤存在很多不确定性因素，例如管线非计划停输、站场输油设备故障，或者炼厂装置不稳定需要临时改变要油计划，每一个不确定性因素的出现都可能打乱原有的输油作业计划。

（三）输油作业计划的编制方法

下面以某管网为例，介绍输油作业计划的编制方法。该管网采用不同种油品顺序输送原则输送进口原油。某一家炼厂需求的某一批油品称为一个批次，管网的输油作业计划由很多个批次组成。输油作业计划的编制依赖于多种计算方式组成的运行程序。在编制运行程序时，只能做到在一定误差范围内尽量模拟实际情况，但不允许误差过大。编制过程采用分段的方法进行描述。

1. 确定中转油库的外输计划

首先由下游炼厂根据厂内库存和加工情况，提出一个周期内的收油方案，包括油种、批量、需求时间等。按照"先中转库后码头"的原则，在管网范围内查找相关油品，然后按需求顺序进行排列，并将每一批次油品进行①、②、③、④……编号，以便于后续计算。每相邻两个批次连接的部分称为油头。

以某中转油库外输给某炼厂为例，由此排出输油作业计划见表4-11。

表4-11 某中转油库外输给某炼厂输油作业计划

①	输7#罐沙中（输空约13.0万吨），2.5万吨/天
②	输2#罐艾思坡（输空约4.2万吨），2.5万吨/天
③	输6#罐萨宾诺（输空约5.8万吨），2.5万吨/天

第一：记录批次①结束的时间 t_1，并将此作为批次②开始的时间；

第二：依次类推，记录批次②、③、④结束的时间 t_2、t_3、t_4。

以此为例，可以排出中转油库外输给其他炼厂的调度计划。

2. 确定中转油库的来油计划

中转站需要不间断地从码头以及油库收油来进行补充，以保证后续批次的油源供给。以某管线为例，上站来油进该中转油库储罐的几种可能性见表4-12。

表4-12　上站来油进中转油库储罐的几种可能性分析

项　目	上站来油油种	上站来油进罐时间 t_1'	可能造成的输油事故
批次①恰好将中转库某罐输空（$A=$ 罐存量 A'）	同种油品 不同油品	t_1' 没有要求，只要罐容满足即可 t_1' 必须在 t_1 之后	①边进边出过程中若罐容不够（进油速度＞出油速度），容易因罐满造成上站停输 ②若 t_1' 在 t_1 之前，造成上站停输或混油
批次①只能输出中转库某罐内的部分油品（$A<A'$）	同种油品 炼油厂有混油要求时不同油品	t_1' 没有要求，只要罐容满足即可 t_1' 必须在 t_1 之后	①边进边出过程中若罐容不够，造成上站停输 ②若 t_1' 在 t_1 之前，造成上站停输或混油
中转库某罐内存油不够批次①的数量（$A>A'$）	同种油品	t_1' 必须在 t_1 之前	若 t_1' 在 t_1 之后，造成油量不足而停止外输

由表4-12可知，上站来油的油种和进罐时间都必须在计算时间的一定误差范围之内，不允许出现任何一方面的错误，否则就可能会造成输油事故。

3. 确定码头收、输计划

在编制计划过程中，编制人员首先收集下一周期内的到港船情，包括油种、到港时间、各炼厂的分量、是否保税等，然后根据下站的需求情况进行外输。并且根据罐输空的先后顺序，确定下一船来油的卸船顺序。

4. 确定全线收、输、销油计划

至此，计划编制工作已经接近尾声。将1、2、3部分所确定的计划整合到一起，并且按"从前向后"的原则，进行排列和梳理，使输油的时间节点能够连贯顺畅。

（四）输油作业计划的优化方法

输油运行管理的一个重要目标是在确保完成输油任务的前提下，寻求最经济的输送条件，降低运行成本。一个管网的运行成本主要包括输油能耗和港口滞期费。下面从这两个角度来分析一下如何在运行计划的编排中降低输油能耗，降低港口滞期费。

1. 降低输油能耗

在运行中，输油能耗决定了管道的运行成本。这就要求我们在编排输油计划时，在保证炼厂需求的前提下，尽量选择合适的输量，选择合适的泵匹配，使输油泵始终保持在高效区运行。除此之外，应在计划编排中尽量减少停启输操作，减少停启输过程中的能量消耗。在冬季输送高凝油的运行中，合理安排加热炉、换热器的启停时间，在保证安全的前提下，尽量减少加热操作，降低能耗。

2. 降低港口滞期

在管网运行中，港口滞期费是除了能耗费用之外的另一大支出。要想在编排输油计划时既做到满足后续炼厂需求，又满足降低前面港口的滞期费用，就要求计划人员具有很强的预见性和整体协调能力。提前掌握 10～15 天内码头船舶动态及炼厂需求情况，做到以"尽快腾出港口下艘船所需罐容"为原则，安排输油作业计划。

①在安排中转库外输炼厂时，尽量做到每批次输量都等于当前罐容，在不能腾空时，尽量与炼厂沟通使后续来油可以进当前罐混，以便于码头来油进罐，有助于尽快腾空码头罐容接卸油品，减少滞期费。

②不同种油品配输会根据比例在不同程度上导致罐腾空时间向后拖延，增加港口油轮滞期费。所以在预见到码头有船接卸且会出现罐容不足时，应提前减少配输。

③当油轮在某个码头集中到港时，可以申请总部协调船舶去其他的码头靠卸，减少船舶等待时间。

输油作业计划是管道运行管理的依据，在输油计划编排中，应在保证炼厂需求的情况下选择合适的输量及泵匹配方式，减少启停输及加热操作；在安排中转库外输炼厂时，尽量使每批次外输时均输空相应储罐，减少配输操作，可以减少港口滞期费。在编制计划时，时刻以降低能耗为目标，以减少港口滞期为标准，从而降低管道运行成本，提高管网整体经济效益。

五、长输管道压力波动的判断与处置

长输管道运行时，由于受加热温度、供电电压、油品物性等因素的影响，管线运行压力会引起一定变化，这些变化均属于压力正常的波动，但长输管道随着运行时间的增长，以及外部因素的干扰，有时会发生管线腐蚀穿孔、管道泄漏等异常事故。判断正常压力波动和泄漏压力波动非常关键，能直接影响事故处置的方式、事件影响的大小。"负压波自动监测系统"是根据输油管道现状而创建的一套定位系统，目前该系统在很多长输管道上被应用。当运行压力管道发生泄漏和压力变化等情况时，压力波被安装在管线上的高精度压力变送器捕获，变送器将电信号传送到泄漏检测机柜，再通过服务站计算机滤波、量化、放大，由中心网络输送到中心服务器，根据已编好的程序进行计算，确定压力波动位置。

（一）负压波法泄漏监测原理

当管道发生泄漏时，泄漏点的流体迅速流失，压力下降。此点产生一个减压波，并向上下游依次传递，相当于泄漏点处产生了以一定速度传播的负压力波。根据泄漏产生的负压波传播到上下游的时间差和管内压力波的传播速度就可以计算出泄漏点的位置。定位的原理如图 4-14 所示。

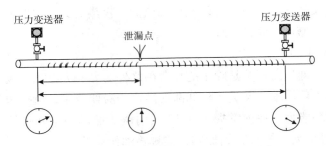

图 4-14　负压波泄漏监测及定位原理图

1. 泄漏定位公式

$$X = \frac{L + a\Delta t}{2} \tag{4-16}$$

式中　X——泄漏点距首端（通常为上游站）测压点的距离，km；

　　　L——相邻取压点（通常为一个站间）管道全长，km；

　　　a——管输介质中压力波的传播速度，km/s。

2. 管输介质中压力波的传播速度 a 影响

管内压力波的传播速度取决于液体的可压缩性和管子的弹性。计算公式为：

$$a = \sqrt{\dfrac{\dfrac{k}{\rho}}{1 + \dfrac{k}{E}\dfrac{D}{\delta} \cdot C_1}} \tag{4-17}$$

式中　a——压力波的传播速度；

　　　k——液体的体积弹性系数；

　　　ρ——液体的密度；

　　　E——管材的弹性模量；

　　　D——管道直径；

　　　δ——管壁厚度；

　　　C_1——与管道约束条件有关的修正系数。

其中体积弹性系数 k 和密度 ρ 都是温度的函数。由于考虑现场参数采集和系统计算的简易性，系统一般将 a 也设定为定值。但同时压力波的传播速度 a 受所输油品温度影响，并不是一个常数。尤其是对于输送油品品种变化较大的管线，如沙特轻质油的密度一般为 0.84g/cm^3，而奎都油的密度可达到 0.93 g/cm^3。此外各站间温降（尤其是冬季）对 a 的影响也不容忽视。

当同一管线输送不同油品有掉压现象发生时，值班人员没有更改检漏系统的数据库的权限，只能根据当时所输送油品的密度来判断管内压力波传播速度 a 的相对大小，进而根据公式（4-16）来修正掉压位置的相对距离。

（二）影响压力波动的因素

长输管道运行时，影响压力波动的因素有很多，概括起来主要有以下几种。

1. 管线泄漏及高、低压泄压阀动作引起的压力下降

当管线发生泄漏事故（如管体腐蚀穿孔、管线打孔盗油等）时，全线压力均呈下降趋势，泄漏点压力下降幅度最大，压力变化也最明显（见图4-15）。

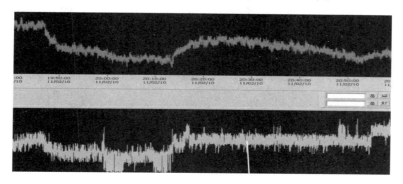

图4-15　管线打孔盗油引起的压力变化

高、低压泄压阀动作引起的压力下降和管线发生泄漏事故时曲线变化一样，只是泄漏点会定位在某个输油站内，此时，如果该站进出站压力超过规定值，应判断为高、低压泄压阀动作引起，值班人员立即对泄压阀进行检查确认，对运行压力进行调整。

2. 异物堵塞过滤器、调节阀、输油泵等运行设备引起的压力波动

由于打孔盗油、管道施工、清蜡等影响，油品中常常会有一些杂质、木楔等异物进入进站过滤器或泵体，当这些异物进入过滤器或泵体内时，会引起设备吸入性下降，造成进站压力上升、出站压力下降（见图4-16）。

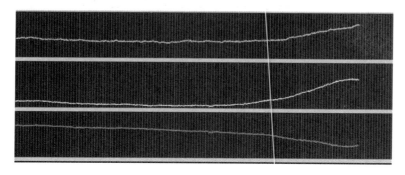

图4-16　异物堵塞过滤器、调节阀、输油泵等运行设备引起的压力波动

运行中发生这类情况时，要对运行设备进行检查，如泵体一直发出叮叮当当等异常声响，要及时倒换设备，以防泵体叶轮损伤，如果是异物进入过滤器，要根据过滤器前后的压差，及时进行清理。

3. 管线凝管造成的压力变化

管线发生初凝事故时，凝管管段压力呈上升趋势，下游管段压力呈下降趋势，全线输量逐渐减少，类似异物进入过滤器引起的压力变化，但异物进入过滤器引起的压力变化会逐渐趋于平衡，而管线初凝时的压力会一直呈上升和下降的趋势（见图4-17）。

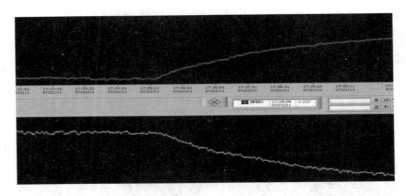

图 4-17 管线凝管造成的压力变化

此时，全线应对所输送的油品物性进行检测，核实地温、油温等参数，及时对凝管管段进行升压、升温补救。

4. 供电电压不稳定变化的影响

供电压力不稳也会引起压力的波动，这种现象一般多发生在夜间。由于一条管线上的各输油站基本上都在同一个电网，所以，当输入电压发生变化时，各站运行压力变化趋势一样，压力波动幅度也基本相近（见图4-18）。

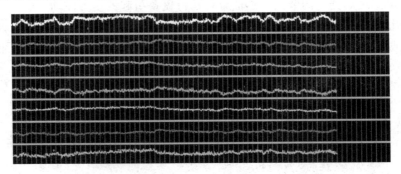

图 4-18 供电电压不稳定变化引起的压力变化

5. 油品物性变化的影响

近年来，随着国内对原油需求的增长，我国成品油进口呈逐年递增趋势，其原油进口渠道也不再单一，经常出现多种油品在一条管道运行。当不同油品物性差异较大时，会引起泵的特性曲线和管路特性曲线的变化，造成压力波动，油品物性差异越大，管线压力波动变化越明显。热油管道加热状态的变化或油田来油含水的变化，会引起管道油品黏度的变化，也会造成管线压力波动。尤其是进口油和国内原油混合输送的压力管道，当两种油品在同一管道内运行时，其压力变化非常明显（见图4-19）。

6. 输油泵机组故障的影响

因设备导致压力波动的原因很多，如进站过滤器堵塞、输油泵叶轮损坏或电机发生故障、储油罐罐位较低、高压泄压阀误动作等都会引起管线的压力变化，尤其是当管线进行换管施工后，新换管段的空管气体和封堵黄油会进入站内，如果这些气体和杂质不能全部

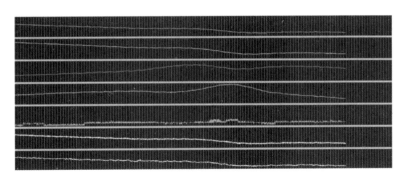

图 4-19 同一管线内输送两种油品压力趋势图

进入储油罐而进入输油泵内，会引起压力波动（见图 4-20），严重情况还会导致跳泵事故的发生。所以，当管线有换管施工工程时，运行人员要精确计算空管气体和封堵黄油到达站内的时间，提前导通收储流程，避免气体和杂质进入设备。

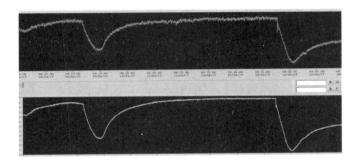

图 4-20 施工引起设备吸入性差导致的压力波动

运行中，这类压力变化最难判断，因为引起这种压力波动的因素很多，首先应排除是否是人为操作的原因，当确定站内没有人为设备操作时，值班人员要对运行设备进行检查，查看入泵压力是否过低，过滤器前后压差是否变大，设备声音和振动是否正常。此外，还要注意工艺管线上的泄压阀、调节阀是否有泄压过流的声音和调节现象的发生，逐项进行排查，确定具体原因。

7. 调节阀动作引起的压力变化影响

运行中应避免因压力过低或过高引起调节阀的动作（见图 4-21）。调节阀长时间处于调节状态会造成节流损耗，如因运行确实需要调节时，要时刻关注运行压力，防止压力过低或过高造成跳泵事故。当调节阀节流调节时，该站调节阀上游管路压力均呈上升趋势，下游管路压力均呈下降趋势。相反，当调节阀开流调节时，该站调节阀上游管路压力均呈下降趋势，下游管路压力均呈上升趋势。

8. 压力变送器故障引起的压力变化

运行中当某站压力突然上升或下降，且拐点很明显，坡度很陡，而其他各站压力没有响应的变化，这种波动往往是由通信质量不好或压力变送器故障引起的（见图 4-22）。当发生这种情况后，要及时对压力变送器、中心计算机、站队辅助检测设备进行检查维护，

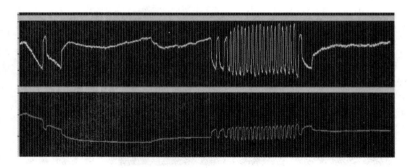

图 4-21 某站调节阀动作引起的压力波动

及时排除故障，保证压力曲线的正确趋势。

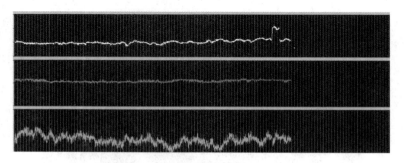

图 4-22 压力变送器故障引起的压力波动

运行中，对压力产生影响的因素还有很多，如站队燃料油罐上油、设备放空、冲泵、倒罐等操作都会引起压力变化，这些变化直观可控，运行操作人员提前会有压力波动的准备。运行中，需要引起注意的是非操作情况下的掉压，这种掉压往往会是管线漏油事故引发的，遇到这类情况时，应及时定位，确定掉压点位置，采取应急措施。

（三）管线压力异常波动的判断处理

1. 超压引起管线破裂事故的判断与处理

这种情况往往发生于流程操作失误或密闭管道中间站跳泵，引起上游管线及本站进站压力超高造成憋压，导致管线薄弱处破裂跑油。如有这种事故发生，上游管线压力会突然下降，压力值很低甚至会达到0MPa，压力曲线拐点近乎垂直成90°角。这种事故会引起非常大的危害，管线破裂处（俗称爆管）破损严重。事故发生后首站要紧急停泵，各站紧急停炉，全线停输，及时定位，相关站队巡线人员落实破管地点，关闭相关截断阀，如有泄压条件要立即进行泄压，减少污染。落实后立即启动相关应急预案进行污染控制和管线抢修。

如图4-23所示，某站队设备跳泵后，出站压力（粉色曲线）下降，造成上游站队压力（红色曲线）上升，在没有水击超前保护的状态下，出站压力超过管线承受压力，造成管线破裂跑油事故的发生。

2. 施工破坏造成管线泄漏事故的判断与处理

这情况往往发生于施工队伍在管线附近施工，挖掘机等机械设备破坏管线造成的漏

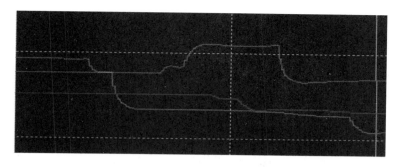

图4-23 某管线破裂压力趋势图

油。这种事故发生突然，一般发生在白天，也不排除夜间施工发生事故。压力曲线下降也接近90°角，压力下降幅度根据破坏情况有大有小，破坏位置可由检漏系统准确定位。大幅压力下降发生后要及时停泵，各站停炉，全线停输。与超压管线破裂事故的处置一样，及时定位，相关站队人员落实破管地点，关闭漏油点两端截断阀，如有泄压条件要立即进行泄压，减少污染，落实后立即启动相关应急预案进行污染控制和管线抢修。

图4-24是某管线被挖掘机挖破造成漏油的压力趋势图，管线正常运行时，压力突然大幅下降0.8MPa，确认站队没有上油操作且泄压阀没有泄压情况发生后，判断为管线泄漏跑油事故发生，采取紧急停泵措施。

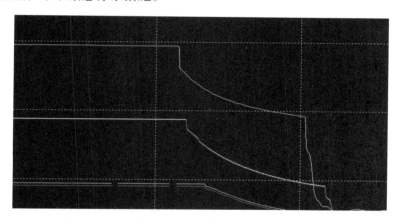

图4-24 某管线被挖掘机挖破造成漏油的压力趋势图

3. 打孔盗油造成的压力曲线波动

打孔盗油造成的压力曲线波动情况多样，主要有三种情况：一种是大型罐车利用盗油阀偷油，这种情况管线压力下降幅度大，有的在0.1MPa以上，持续时间长，有的长达1h左右。一种是利用外接管线，把盗油点引到远离管线的地方长期偷油，此种盗油方式隐蔽性强，难以发现，压力曲线变化幅度小，压力下降和上升拐点不明显，有的甚至看不到明显的压力变化。另外一种是小型车辆利用盗油阀偷油，此种方式一般掉压幅度较小，在0.01~0.04MPa之间，持续时间较短，一般在5~15min。图4-25是某管线盗油压力趋势图，该压力波动拐点不明显，上升压力捕获到很小的定位拐点（竖直黄线处）可以进行定位分析。

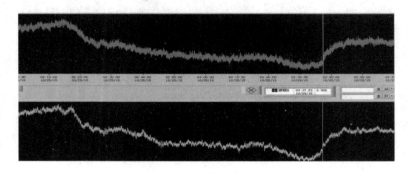

图 4-25　某管线盗油压力趋势图

4. 蜡堵发生时的压力变化趋势

蜡堵事故的发生通过压力趋势很难判断，真正从压力上体现出来时，蜡堵事件已经发生，此时要及时采取一些补救措施，如导通收球进罐流程、收球全越站流程等操作，来分流部分蜡堵杂质，降低蜡堵的危害程度。避免此类情况的发生主要是发送清管器前要对管线结蜡厚度进行准确计算，确定清管器型号、发送顺序，从根本上杜绝事故发生。

图 4-26 是某管线清管作业时发生蜡堵前的压力变化趋势，从趋势图上看，清管器进站前约 2h，上站压力开始呈上升趋势，但接收清管器的站队压力趋势一直平直，压力没有明显的变化，只是在蜡堵发生瞬间，进站压力突然上升，水击超前保护动作，导致全线跳泵。所以，管线进行清管作业时，要密切关注发送清管器站队的出站压力，有压力持续上升趋势时，及时采取应对措施。

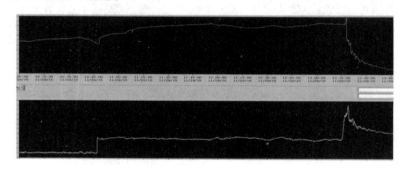

图 4-26　某管线清管作业时发生蜡堵前的压力变化趋势

5. 不明显压力波动的判断

泄漏发生引起上、下游压力趋势曲线变化明显（压力趋势曲线有明显的瞬变点）时，泄漏定位系统能够准确定位。实际运行中由于压力波在传输过程中有衰减，当泄漏点一侧压力趋势没有明显的瞬变点时（见图 4-27），这侧的压力变送器便不能有效、准确地监测到泄漏引起的负压波，也就无法准确定位，此情况旁接油罐比较明显。这种压力波动趋势，掉压点一般会距离掉压幅度较大的站队近。

掉压发生后，如无法准确定位，要安排相关站队全面巡线。如果掉压发生在夜间且长

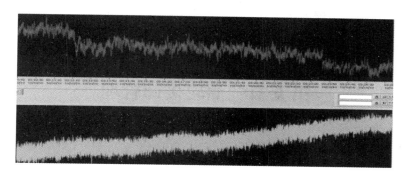

图 4-27　不明显压力波动

时间没有恢复，发生漏油的可能性较大，应考虑漏油事故的发生。

总之，在一个独立管段，当管道发生泄漏时，泄漏点上游输量增加，运行电机电流增大，下游收油量减少，各站压力下降，这是泄漏发生的主要依据。

（四）影响定位精度的因素

1. 系统时间不同步

检漏系统的工作原理是利用漏油点产生的负压波向两端接收器传送的时间差进行定位，压力波在管线中的传送速度约为 1km/s，各个信号接收器之间有 1s 的误差，定位就会造成 1km 的偏差，如果时间误差超过 2s，定位就已失去意义。

2. 通讯质量差，数据丢包

当通讯质量较差时，各个站队数据采集点向中心计算机传送的数据包会发生丢失，中心计算机进行比对的数据不是同一时间点的数据，出现和系统时间不同步或无数据的现象，导致系统计算时间出现较大偏差，影响定位精度。

3. 压力下降幅度小，拐点不明显

当压力下降幅度小，或拐点不明显时，信号接收器无法接收到高质量的负压波信号，中心计算机无法作出准确的分析计算，定位会出现较大误差。

4. 旁接罐进站压力低

采取旁接油罐输送方式的管线，进站压力大小主要取决于油罐中油品的静压值，这个压力值很小，漏油点传递过来的压力波难以识别。如果漏油点接近进站，进站压力可能会有微小波动，而上站出站压力几乎没有变化。如果漏油点接近出站，下站进站压力由于旁接罐几乎没有波动，定位会出现较大误差，甚至无法定位。

5. 取压站间距长无法有效定位

由于管道存在摩阻损失，泄漏引起的负压波在向上下游传输过程中逐渐衰减，衰减随传输管线长度的增加而增大。当泄漏压力较小，距离压力传感器较远时，由于传输距离较长容易造成压力衰减较大，达不到系统设定的压力报警值，系统认定为输油正常工况，造成系统无法定位。

影响管道压力波动的因素很多，原油泄漏、油品切换、电压变化、油温变化都会对运行压力产生影响。当管线压力有变化时，要根据压力波动的幅度、时间、形态等参数综合

判断分析，既要对掉压泄漏等管线异常波动作出及时的判断处理，又要对因温度、操作等引起的压力变化给予正确识别，以达到精准判断、精准巡线的目的。

第五节　油轮接卸管理

一、油轮接卸概述

随着国民经济的快速发展，当前我国对原油资源的消耗十分巨大，在原油资源需求结构中，进口原油占据了相当大的比重。我国原油进口来源渠道广泛，其中中东、西非、美洲等产油地区仍是我国原油进口的最大来源地，受制于批次进口量大、距离远等诸多条件限制，水路运输是主要的运输方式。原油自产油地开采产出后装载至油轮，通过远洋运输的方式到达卸货港，靠泊与船型匹配的原油码头进行接卸后，再通过管线运输、公路运输等方式中转至加工企业。因此，油轮接卸是油品运输的重要环节之一，而用以靠泊油轮并进行接卸作业的原油码头成为油品运输网络的核心节点。

油轮按照载重吨位不同划分为不同的船型，通常分为通用型、灵便型、巴拿马型、阿芙拉型、苏伊士型及超大型油轮等（见表4-13），其中超级油轮是当前进口原油运输的主力船型，不同的船型对原油码头的匹配要求也不同。

表4-13　油轮分类表

船型	载重吨位/万吨	备注
通用型油轮	<1	
灵便型油轮	1~5	
巴拿马型油轮	6~8	
阿芙拉型油轮	8~12	Aframax
苏伊士型油轮	12~20	Suezmax
超大型油轮	20~30	VLCC
超级巨型油轮	>30	ULCC

专供油船停靠、装卸散装油类的泊位及装卸作业区叫作原油码头。有别于一般的散杂货码头，原油码头为专用型码头，在作业平台上通常设有系泊设备、装卸设备及大型消防设备等。由于近年来装载原油的油轮逐渐巨型化，超大型油轮吃水较深的特点凸显，接卸超大型油轮的原油码头均为深水码头，根据码头所处位置具体情况以及系泊方式设计区别，目前国际上常见有单点系泊、多点系泊、岛式码头和栈桥式码头四种深水码头。

港区内能够停靠船舶的位置叫作泊位。一座码头可能由一个或多个泊位组成，码头拥有泊位数量的多少及泊位停泊能力是衡量其规模的重要标志，当一座码头拥有多个泊位时，泊位之间应保持必要的安全间隔距离。

二、油轮接卸计划

油轮接卸计划是进口原油接卸的重要环节之一，根据月度计划，船舶的抵港信息，航道、泊位、环境条件，货物信息及接卸罐容等条件，组织并制定作业方案，协调相关方关系，以实现原油顺利接卸，并达到效率控制及质量控制等方面的目标要求。

（一）主要工作内容

原油码头应设置计划管理的专业部门，其主要工作内容包括：

①依据月度计划安排，掌握并根据船舶抵港信息和各类码头靠泊条件，编制作业计划，通常包括滚动计划及单船计划。

②协调油轮接卸涉及货主、接卸库、船务及外贸代理等各部门关系，确保商务和业务准备落实到位。

③组织召开船前会，制定并优化接卸方案，形成单船《船舶作业方案》。

（二）计划编制

1. 计划制定要求

①船舶预报信息、船舶相关资料、货物相关理化性质提供翔实准确；

②船舶进出港动态预测严谨准确；

③船舶安全措施、质量控制及装卸工艺方案科学合理；

④保证计划制定的合理性和预见性，提高泊位利用率，确保连续作业。

2. 作业计划编制内容

①国家和行业安全生产法律法规、港口监管部门相关作业规定和原油码头作业指导书；

②港口的航道、泊位、环境水文气象条件；

③货主与码头签订作业合同情况；

④船舶抵港预确报信息；

⑤货物进出口有效单证、货主等信息；

⑥船舶及货物进口手续办理情况，货主对船期和货物装卸顺序的要求；

⑦到港船载货类货种、油库用以接卸货物的储罐准备情况和货物理化性质、质量要求及控制措施；

⑧计划接卸货物安全注意事项、相关防护措施、泄漏处置方案及其他各项应急方案；

⑨ 码头现有设备设施状况以及后续检维修计划安排；

⑩相关泊位接卸作业方案和特殊工艺要求。

3. 滚动作业计划

原油码头的油轮接卸作业具有连续性，为确保接卸作业有序、受控地安排和执行，确保船舶作业过程的连续高效，滚动作业计划的编制安排应更具准确性和严密性。

①滚动作业计划内容通常应包括船舶及载货信息、接卸油库安排、船舶抵港时间、预计靠离泊时间、协调后的码头现场区域工作安排、引航、海事等相关方要求及其他特殊

要求。

②负责编制滚动作业计划的部门应结合泊位作业动态，提前考虑影响计划执行的各项因素，及时协调并销项；滚动计划涉及的商务、安全、设备等其他管理部门，应按各自职责组织落实计划内容要求

（三）单船计划

单船计划是指对将要进港靠泊作业的油轮编制的作业计划，根据接卸过程中各环节的作业组织要求进行编制，重点应突出对于接卸工艺、质量控制及安全防护等方面的要求，使作业过程安全受控，正常有序。

单船计划按照作业流程分为商务、业务及调度三个部分。商务部分的主要工作是协调船代和货代，落实船舶进出口申报、过驳许可证、船载危险品申报等手续办理，落实船期申报、所载货物清单申报、货物通关手续办理，落实船员申报、允许搭靠手续办理，落实进口船舶卫生检疫、动植物检疫办理；业务部分的主要工作是协调接卸库计量，落实船载油品的数量确认；调度部分的主要工作是协调引航部门落实船舶引航事项，向当地港务部门申请船舶进出港计划，与接卸库联系，确定接卸工艺作业方案。

单船计划应在船舶进港前完成，提交船前会讨论通过后组织实施。

（四）船前会

根据滚动计划和单船计划，原油码头应对即将进港的船舶组织召开船前会。

船前会内容主要包括：

①根据船舶靠泊计划，确定待靠船舶动态安排；

②提出生产作业要求，确定相应生产组织保证措施；

③提出作业安全要求，确定相应安全保证措施；

④接卸油库提供接卸工艺作业方案，内容包括卸油顺序、进罐计划、流程走向、初始卸油流量、正常卸油流量；

⑤根据生产作业要求，确定操作人员作业保证措施；

⑥船代提供船舶预报信息及船舶资料；

⑦货代提供指标内容齐全准确的货物品质单，主要包括货物名称、提单量、标准密度、含水、凝点、硫化氢含量（气相）等内容；

⑧船前会内容应形成船前会记录，船前会最终应形成船舶作业方案。

出现来港作业为新货主、新货类（品种）、新船型时，启用新工艺、新管线、新油库、新储罐等作业时，船舶或货类涉及安全、质量、环保等特殊要求时，宜扩大船前会参会人员范围。

三、油轮靠、离泊作业

油轮的靠、离泊作业过程主要包括靠离泊准备、解系缆作业、收放围油栏、收放登船梯、联合检查、接拆输油臂、船岸安全检查等内容。

（一）靠、离泊准备

①油轮靠泊前，原油码头应掌握泊位前沿水文情况，主要包括潮水高度、潮水流向及流速等内容，跟踪船舶自锚地的进港进度，确认各项手续的办理情况；油轮离泊前，了解船舶离港手续办理情况，驻船调度核实船舶离泊适航状态。

②油轮靠、离泊前，原油码头应组织对现场作业环境进行检查，对输油臂、登船梯、系缆系统等主要设备设施进行试动作，确保达到作业要求。

③油轮靠泊时开启激光靠泊系统，在码头前沿安放靠泊旗，根据作业方案要求，在计划连接船方法兰的相应输油臂下安放对正旗，便于引航员指挥船舶靠泊，使船方油管线出口与码头输油臂位置对正。

（二）解系缆作业

①油轮解系缆时，作业人员提前到达系缆墩台，保持通讯畅通，按照操作指令有序操作。在接船方抛缆时应闪避在适当位置并注意地面障碍物，密切注视抛缆动向，抛缆头落地之前，禁止用手接。

②系缆作业过程中，码头作业人员应选取绞缆机后方、视线较好处站位，佩戴好安全防护用品，做好相关安全防护措施，与船方作业人员做好配合，根据船方出缆顺序套挂相应脱缆钩，避免缆绳与码头设备设施发生挂扯，当船方绞缆时作业人员应闪避至安全地带，严禁用脚踩踏正在移动的缆绳。

③解缆过程中时刻关注船舶放缆情况，待缆绳放松后方可解缆，船方收缆时应密切注意缆绳，避免挂扯码头附属物品，解缆作业结束后收回脱缆钩并锁定。

④对于不同载重吨的油轮，在靠泊时应选择不同数量的缆绳进行布置。参照原油码头设计文件，结合实际运行工作总结提出泊位系缆数量以供参考（见表4-14）。

表4-14　泊位系缆数量

缆绳数量	油轮吨级				
	30/25 万吨级	15 万吨级	10 万吨级	5 万吨级	3 万吨级
艏缆	4	4	4	3	3
辅助艏缆	2	1	1		
艉缆	4	4	4	3	3
辅助艉缆	2	1	1		
前横缆	2	2	2	2	2
后横缆	2	2	2	2	2
前倒缆	2	2	2	2	2
后倒缆	2	2	2	2	2
缆绳数	20	18	18	14	14

注：参照原油码头设计文件，结合实际运行工作总结提出。

（三）油轮卸货准备

油轮开始卸货前落实以下准备工作：

①油轮靠泊后，及时在油轮周围布放围油栏，并确保围油栏处于完全密闭状态，卸货结束后应及时收回围油栏。

②搭放登船梯，并将登船梯工作状态切至"浮动"状态，油轮解缆前应收回登船梯。

③通知边防、代理、海关、卫检、法检等部门工作人员上船联检。

④操作人员连接输油臂，对于输油臂应关注以下内容：

a. 目前国内各原油码头安装的输油臂品牌不同，操作方法应按照使用说明书执行；

b. 输油臂控制系统有四种操作方法，即手控（近控）操作、电控操作、遥控操作、应急操作，正常情况一般采用遥控操作；

c. 输油臂连接后应使用氮气对每台输油臂依次进行气密检查，所用氮气浓度应大于95%；

d. 输油臂操作中，操作人员应穿戴劳保用品、救生衣，必要时佩戴呼吸器，携带气体检测仪，以防有毒气体逸出造成伤害；

e. 输油臂通常装有紧急脱离装置，紧急脱离装置的脱离动作可分为自动和手动两种方式，当输油臂内外臂夹角超过135°时（之前会有三次报警）或外臂与输油臂立柱的夹角左右各超过约30°时会自动脱离，按下控制面板上"紧急脱离"按钮可实现手动脱离，只有紧急脱离装置处于"浮动"状态下，按下紧急脱离按钮后紧急装置才能动作。

⑤码头与船方按照《船岸安全检查表》内容，进行船岸安全检查，检查内容包括现场核实及口头核对两部分，检查通过后船岸双方应在检查表中签字确认，出现下列情况时，按照检查要求应回答与之有关的其他问题：

a. 船舶如装有或要求应装有惰气系统（IGS）；

b. 船舶如装有原油洗舱设备（COW），并计划进行原油洗舱；

c. 如果船舶计划在停靠期间进行洗舱。

四、油轮卸货作业

油轮卸货作业是原油码头、接卸油库及船方共同配合，协同作业的过程，在此过程中保持安全平稳运行，做好多方沟通协调，落实作业过程监护尤为重要，同时各方还需配合完成油轮洗舱作业，确保原油卸净，共同维护货主利益。

（一）卸货

①根据船前会确定的船舶作业方案中对卸油顺序、进罐计划、流程走向、初始卸油流量、正常卸油流量等内容的要求，原油码头和接卸油库导通相关作业流程并相互确认，原油码头通知船方提前备泵。

②油轮卸货准备工作结束后达到卸油条件，原油码头与接卸油库共同签署卸船作业单，通知船方启泵卸油。

③卸货前后及卸货过程中，码头应与油库、船方加强协调和沟通，共同确认相关流

程，确保卸油流程无误。

④原油码头应严格按照油库的指令及要求通知船方控制卸货排量及压力，在进行提量和降量时，做好指令确认与现场监护。

⑤卸货结束后对油轮进行空仓鉴定，要求船方必须将卸油泵出口管线上的阀门全部打开，敲击管线判断是否残留余油，应与油库、货主和商检共同督促船方卸净舱底残油，确保卸油后的底舱量（ROB）不大于装船前的底舱量（OBQ），如遇确实无法启泵再卸的情况，要求船方对底仓量签字确认。

⑥卸货结束后码头联系油库和船方进行抽残油准备，在回收输油臂内臂和立柱管道内残油并确认输油臂外臂内无残油后，拆除输油臂。

（二）卸货过程监护

除卸货作业流程规定的工作内容外，卸货过程中原油码头还应落实以下事项：

①收集影响作业的天气水文，如风暴，雷电，暴雨冰雹，大潮汛、冷空气、寒潮等，及时转发相关作业单位并落实相应防范措施。

②关注缆绳拉力监控系统及船舶横、纵向位移情况，及时协调船方调整缆绳拉力，遇恶劣天气时，提前协调船方增加缆绳，并注意潮水变化对船舶、码头安全的影响。

③关注卸货压力温度，对高凝点类原油加强温度监控，防止温度过低产生凝结。

④随时了解船货作业及相关情况，掌握卸货进度，包括船舶配载、泵系（循环线路）、出口图、卸货顺序、作业舱、完工舱、未作业舱、卸速排量、卸货总预计时间、预计完工时间、预计收舱计划、收舱进度及原油洗舱情况。

⑤了解接卸油库收、输情况，掌握油库罐容动态和工艺变化，例如收油罐数变化、作业线变化、倒罐等。

⑥做好卸货过程中的巡回检查，重点关注有无原油泄漏情况、输油臂限位及伸展高度是否符合安全要求、输油臂运行时有无异常噪音及异常震动、根据油轮高度及时调整登船梯位置、制氮系统中氮气纯度和储气罐压力等内容。

（三）油轮洗舱作业

船方应根据载货情况、卸货速率和预定洗舱数目编制洗舱计划，需要在卸油过程中进行原油洗舱时，船方应在得到原油码头认可后，方可进行原油洗舱作业。

①在洗舱作业开始前、洗舱作业期间和作业结束后，应做好各项安全检查。实施原油洗舱作业期间，原油码头应在主要通道处和布告牌处张贴或悬挂警告标志。

②原油洗舱期间货油舱氧气浓度必须在8%以下，货油舱内气体压力应保持在正压状态，发生下列情况之一时，必须终止原油洗舱作业：

a. 舱内氧气浓度超过8%时；

b. 原油洗舱过程中船岸管系发生漏油时；

c. 原油洗舱所用泵发生故障时；

d. 原油洗舱所用压力表发生故障时；

e. 船舶货控室的控制机能发生故障时；

f. 发生其他紧急情况时。

③由任何一种原因中止原油洗舱作业，再重新开始原油洗舱作业时，必须确认中止原因已消除才能恢复原油洗舱作业。

（四）硫化氢重点防护

目前在原油码头接卸作业过程中，到港原油含硫化氢的现象普遍存在。硫化氢是一种有毒物质，对设备安全、人员安危影响极大，因此应重点加强原油接卸过程中的安全防护，避免因含硫化氢原油泄漏或含硫化氢气体挥发造成人员伤亡。

1. 一般要求

①负责接卸含硫化氢原油的油库按照油轮实时到港情况，靠泊前需获知进口原油理化性质（原油硫化氢含量）并及时通知安全主管部门及生产主管部门。卸货码头及油库根据硫化氢浓度制定翔实的接卸计划，并根据作业防护要求制定作业流程。

②含硫化氢原油接卸过程中，应严格执行调控部门下发的调度令，作好运行记录，并在码头作业区、储罐、泵房、阀门及阀组、流量计间、化验室醒目位置设置标识。

③有关单位应严格执行硫化氢泄漏防护管理的规定，并定期进行隐患排查；安全、生产等主管部门应不定期地组织人员对含硫化氢原油的储存、输转等各作业环节进行监督检查。

④做好职工和外来施工人员的防硫化氢中毒及自救互救知识教育，加强施工作业的监督管理。

⑤做好工业电视监控系统和储油罐液位计的维护保养，确保各类报警、联锁保护系统完好。

⑥值岗人员应利用工业电视监控系统，重点加强对存放该原油的储罐监控力度，发现问题及时进行现场确认并上报；加密对运行设备的巡检频次，发现异常情况及时处理、上报。

2. 教育和培训

①所有在含硫化氢环境中作业的人员，应定期进行职业健康体检和有关预防硫化氢中毒救护知识及技能的教育培训，经考核合格，受教育者签名后方可上岗作业。教育和培训内容包括：

a. 清楚硫化氢在作业现场的分布情况；

b. 清楚安全操作规程和有关规章制度；

c. 清楚硫化氢性质、职业接触限值、中毒机理、自救和互救技能、心肺复苏技术、防护措施等；

d. 清楚预防硫化氢中毒的呼吸器等防护器材的使用方法、使用条件和硫化氢检测报警仪使用等知识。

②根据现场具体状况召开硫化氢防护安全会议，任何不熟悉现场人员进入现场之前，应了解紧急疏散程序。所有培训课程的日期、指导人、参加人及主题都应形成文件并记录，记录应至少保留 2 年。

3. 个人防护

①凡在有可能发生硫化氢泄漏的场所，应配置固定式硫化氢检测报警仪，设置的数量和位置应满足《石油化工可燃气体和有毒气体检测报警设计规范》（GB 50493）的要求。

②所使用的硫化氢检测报警仪（固定式、便携式）应经国家有关部门认可，并按计量检定规程要求定期委托有检测资质的部门检定，妥善保存检定报告。固定式硫化氢检测报警仪的安装率、使用率、完好率应达到100%。

③应为现场作业人员配备硫化氢防护用具。当硫化氢浓度低于33.5ppm（50mg/m³）时可以使用过滤式防毒用具，过滤式防毒面具一般在开放空间逃生时使用，禁止佩戴防毒面具进入密闭空间；当硫化氢浓度大于33.5ppm（50mg/m³）或在发生原油泄漏、浓度不明的区域内应使用隔离式呼吸保护用具，供气装置的空气压缩机应置于上风侧。有多种型号过滤式防护用具时应选用防硫化氢型的滤毒罐（盒）。

4. 警示标识

在码头作业区、储罐、泵房、阀门及阀组、流量计间、化验室等可能发生硫化氢泄漏的场所周边应在醒目位置设立警戒线、风向标、红旗、防毒防火标牌等安全警告标志或信号，具体按《工作场所职业病危害警示标识》（GBZ 158）进行设置。正在输送含硫化氢原油的设备应设置临时性的硫化氢警示标识。

5. 作业管理

①接卸含有硫化氢原油时，应在船前会对参加作业人员提出明确防护要求；作业期间设置警戒区，禁止无关人员、机动车辆等进入作业区域，对因业务需要必须进入作业区域的人员，事先向其通报作业货品的危险性质，要求其做好相关防护准备，联检人员登轮时应确认检测设备和防护装备配备到位，确认其熟练掌握相应的应急知识和操作技能。禁止任何人员不佩戴合适的防护器具进入可能发生硫化氢中毒的区域，禁止在有毒区内脱卸防毒用具。

②油轮靠离泊、卸货作业时，作业人员佩戴合适的防护器具和便携式硫化氢检测报警仪进入作业现场。接输油臂时应选取上风口位置进行作业，接臂时安排专人监护，接臂结束经气密性检测合格后方可进行卸油；卸油作业期间全程禁止开舱，并要求船方严格控制惰气系统正常运作，并安排专人后方监护；作业结束后应对输油臂进行放空，并使用氮气对输油臂进行扫线；拆臂时作业人员应做好防护，特别注意输油臂与船方法兰刚脱离时进行硫化氢浓度检测，在报警仪未报警情况下进行拆臂作业。

6. 应急管理

①接卸、储运含硫化氢原油的单位应建立和完善应急救援预案，保证现场急救、撤离护送、转运抢救通道畅通，并经审核后发布；对应急预案、现场处置方案定期进行演练，并及时修订完善。

②发生硫化氢中毒时，救（监）护人员应佩戴正压式空气呼吸器，立即将中毒者转移到上风空气新鲜处，保持其呼吸道畅通；有条件的情况下立即给予吸氧，严密观察病人的

呼吸、心跳，时刻准备对呼吸心搏骤停者进行心肺复苏，严禁口对口人工呼吸；及时将中毒人员送至有条件的医疗单位进行抢救，防止次生事故灾害，并按照程序逐级报告。

思考题

1. 清管器卡堵现象、原因及处理措施是什么？
2. 热油管道日常运行管理中，非计划停输一般出现在什么情况下？如何管控？
3. 低输量运行管线如何保障管线安全输量？
4. 站库投产油罐进油时的速度有什么要求？
5. 简答水击的防护措施有哪些？
6. 随着排量的增大，输油泵电单耗是否一直上升？
7. 结合本单位特点，思考有哪些节能措施？
8. 调度令按级别分为几种？分别是什么？
9. 输油流程切换的原则是什么？
10. 泄漏监测系统的原理是什么？影响定位精度的因素有哪些？
11. 简单描述发生外管道原油泄漏时泄漏监测系统的波形特征和应采取的措施。

第五章　输油生产应急管理

对于输油生产中发生的各类突发事件，需要通过规范的应急管理，以提高突发事件的应急救援反应速度和协调水平，增强综合处置突发事件的能力，预防和控制次生灾害的发生，保障企业员工和公众的生命安全，最大限度地减少财产损失、环境破坏和社会影响，维护企业形象和声誉，促进公司安全发展。

通过近年来突发事件应对处置中不断积累经验，应急处置既重视恢复生产更重视环境安全，在现场处置时由传统的注重管道本体抢险、注重尽快恢复生产，向防止人员伤亡、控制环境污染的方向转变，确保管道周边居民及抢险人员的人身安全，防止次生灾害的发生。总体原则是"以人为本、环境优先、消除影响、减少损失，防止人员伤亡、控制环境污染、防止次生灾害发生"。

本章主要针对公司所管辖各输油处（库）、站、原油码头、长输管道发生与输油生产相关以及各重点工程建设项目突发事件的应急管理。所指突发事件包括各种原因造成的原油泄漏、火灾爆炸、管道凝管、工艺管网破裂、储油罐遭雷击起火、输油设备和原油码头装卸油设备损毁、人身伤害，工程建设现场发生的危及生产、施工、人员安全的事件，因公司生产和工程建设引发的生态环境破坏，以及第三方破坏、异常（极端）天气、地质灾害等对站场、管道造成的影响等事件。

本章重点介绍应急组织结构、发生突发事件时预案启动流程，并以案例作详尽阐述。

第一节　应急组织机构

公司应急组织机构由公司应急指挥中心、应急指挥中心办公室、现场应急指挥部、专家组等组成（见图5-1）。

公司应急指挥中心是全公司突发事件处置的最高指挥机构，负责公司应急响应的指挥工作，各下属单位建立相应的应急组织机构。

公司应急指挥中心办公室是公司应急指挥中心的日常办事机构，负责对各单位应急值班情况进行检查、监督和指导。应急办公室由生产管理、安全管理、管道管理、设备管理、物资供应、抢维修等多部门共同组成。

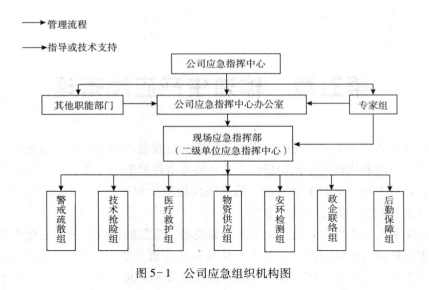

图 5-1　公司应急组织机构图

第二节　应急值班

应急值班人员实行 24h 值班，熟悉突发事件的接报程序，把握好"接、判、报、传、指、跟"六个环节。

接，就是接报告。问清事件报告人姓名、单位、联系电话和事件类别、性质；发生时间、地点；事故简要描述；危害范围、程度；现场处置情况等。

判，就是分析、判断。值班人员接到突发事件报告后，立即核实，冷静分析、快速研判、及时应对，迅速从正常工作状态转换到应急状态。

报，就是报告。值班员接到突发事件的报告后，首先向值班领导报告，然后按照值班领导的指令通知相关应急工作人员。

传，就是传达领导的指令。值班员必须及时、准确地将领导的指令、要求传达给指定的对象。

指，就是指挥。发生突发事件后，各应急机构根据事件的级别，成立应急指挥小组，明确现场指挥员。

跟，就是跟踪、检查指令执行。详细了解突发事件事态的发展和处置情况，并将核实的情况及时向值班领导报告，同时作好过程记录和交接班记录。

第三节　应急预案的启动

根据突发事件（事故）的性质、严重程度和造成的影响范围，将突发事件（事故）

分为公司级事件（事故）、处级事件（事故）和站场级事件三类。应急预案按其实施主体相应分为公司级应急预案、处级应急预案和站场级应急预案。

一、应急响应程序

应急响应基本程序如图5-2所示。

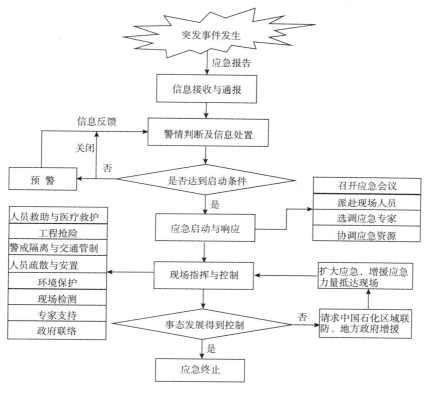

图5-2　应急响应程序

二、预案启动顺序

各级预案的启动顺序是：站场级预案首先启动，根据事件（事故）级别或事态发展依次启动处级预案、公司级预案。

①一旦发生站场级突发事件，站场级预案立即启动，根据应急预案要求，在采取控制措施的同时，立即上报处级单位应急值班，同时上报公司调控中心。

②一旦发生处级突发事件，站场级预案应首先启动，同时启动处级单位应急预案，根据应急预案要求，在采取控制措施的同时，立即上报公司应急办公室。

③一旦满足公司级突发事件启动条件，应立即按程序启动公司级应急预案。

④公司实行梯级预警机制，即低一级预案启动时高一级应急预案的指挥机构要处于临战待命状态，公司（或输油处）应急指挥中心指定相关业务部门履行应急值班职责，通过

蹲点仪等可视化设备监控指导应急抢险。

第四节　应急指挥和处置

①各应急管理机构根据突发事件（事故）的性质、严重程度和造成的影响范围，由单位负责人（或其委托人）启动（终止）相应的应急预案。

②突发事件现场指挥员统一指挥现场应急处置工作，并根据现场情况决定是否申请启动上一级应急预案和要求外部力量参与应急抢险。

③应急办公室成员（单位）参加制定现场应急处置指导方案，配合现场应急处置工作，协调组织应急资源，保障应急过程通信、后勤及财力有效落实，并根据现场事态发展随时指导修订应急处置方案。

第五节　应急终止

一、按照程序恢复生产及施工

应急终止后，按照程序逐步恢复生产并进行相应的施工。

二、应急总结

应急终止后，现场应急指挥部负责编写应急总结，上报公司应急指挥中心，应急总结至少包括以下内容：

①事件情况，包括事件发生时间、地点、波及范围、损失、人员伤亡情况、事件发生初步原因；

②应急处置过程；

③处置过程中动用的应急资源；

④处置过程遇到的问题、取得的经验和吸取的教训；

⑤对预案的修改建议。

三、资料整理

公司应急指挥中心根据事件类别，对现场应急指挥部的应急总结、值班记录等资料进行汇总、归档。

第六节 典型案例

一、管道泄漏

以某年某月某日 Z 输油管道发生原油泄漏，进行过程分析与反思，见表 5-1。

表 5-1 原油管道泄漏事故过程分析与反思

节点	事件过程描述	处置过程分析
一	某月某日 9:39，X 输油处处调度接到地方群众举报：有油管漏油，地点是某村果园沟渠内，渗漏原油流入果园沟渠，沟渠长约 200m，宽约 0.8m。后经核实为 Z 输油管某处发现原油泄漏。 9:40，Y 输油站启动站级应急预案。 9:41，Y 输油站向公司调控中心汇报，公司调控中心要求现场设立警戒，监测可燃气体浓度，做好安全防护措施，并立即安排全线紧急停输，同时通知 X 输油处调度：事故段管线内输送的油种为"巴士拉"，硫化氢含量气相约 260×10^{-6}。	1. 信息接报及时进行了反应，提醒意识到位； 2. 有意识询问周边环境和高后果区情况，及时查证了原油物性（硫化氢含量、闪点、凝点、爆炸极限等）； 3. 现场人员跟踪核实原油泄漏量和污染范围； 4. 现场至少半小时汇报一次现场采取措施和事态控制情况； 5. 启动应急预案级别，明确现场临时指挥。
二	9:59，Y 输油管道全线完成停输及流程操作。10:17，确定漏油点位置后，为控制管线静压差、减小泄漏量，公司调控中心远程关闭了外管道阀室截断阀。	1. 停输后，应对管道泄压； 2. 确定漏点位置后，查看纵断面图确认漏点及上下游的高程，关闭相关远控阀室。
三	10:28，X 输油处启动处级外管道原油泄漏应急预案。	1. 处级预案启动，在上级指派的应急总指挥到达事发现场前，在场的最高行政领导为现场总指挥。在采取控制措施的同时，处级应急办在半小时内向公司应急办提交书面《突发事件信息报告单》，至少每半小时上报公司应急办公室现场情况； 2. 处级应急办通知地方政府相关部门协助抢修、人员疏散、警戒、消防监护等。
四	10:28，公司调控中心向炼厂通报管线因泄漏停输抢修，再启输时间不确定，建议炼厂降低加工量。	通报这些事项一定得到对方确认，问清对方姓名，询问对通报事项是否已经清楚等。
五	10:59，公司抢维修中心人员、设备集结完毕，；11:05，出发赶赴现场。	处级应急预案启动后，公司级应急预案处于待命状态。
六	13:12，公司应急指挥中心总指挥下令启动公司级应急预案。公司调控中心短信、电话通知公司应急办成员部门、单位立即在应急指挥中心报到。 13:13，公司调控中心向集团公司生产调度指挥中心电话汇报，随后电传书面汇报。	1. 公司实现梯级预警机制，即低一级预案启动时高一级应急预案的指挥机构要处于临战待命状态； 2. 启动公司级预案后通知应急办成员单位负责人立即到应急指挥中心报到； 3. 启动公司级应急预案须向总部生产调度指挥中心汇报，汇报的内容包括时间、地点、事件简况、公司级预案启动时间、是否需要总部调集应急支援力量等。

续表

节点	事件过程描述	处置过程分析
七	13：45，公司应急办成员部门、单位相关人员陆续到达公司应急指挥中心。	1. 到达的及时性记录，做好应急签到； 2. 立即召开首次会议通报事件情况，各成员按照职责进入工作状态； 3. 指定现场和应急指挥中心的联络人，信息传递和指令下达必须由联络人完成，各成员的指令必须书面下达，由联络人传达。现场联络人接到指令要进行口头复述。
八	14：54，X输油处现场指挥电话汇报，因果园值守人员在发现灌溉渠内有油迹后开启了排涝泵（经后续了解，泵运行时间约20min），泄漏原油已进入临近河，距离管线泄漏点约2km处发现有原油聚集，水面油污面积约150m²。	现场前期情况探查不细，应急指挥中心提醒、跟踪不到位，原本一次普通的管线渗漏事件，恶化为一次严重的环境污染事故。
九	18：13，公司抢维修中心人员、设备陆续到达现场。 19：30，开始清理现场并试探性开挖。 次日3：26，现场已开挖出长30m、宽10m、深2m作业坑，暴露管线约30m，未发现漏点。根据现场需要，公司调控中心电话指导Y输油站管道工按照确定的开阀方案手动开启（事先讨论了开阀方案）外管道阀室截断阀查找漏点；3：30，阀门开度达到10%。 3：34，现场报告漏点已找到，开始处理漏点。同时，公司调控中心指令关闭外管道阀室截断阀。 6：30，现场报告，漏点封堵焊接完成，抢修结束。公司调控中心安排Z输油管线启输。 8：30，确认已手动全开外管道截断阀。高点原油回流，Y输油站出站压力缓慢上升到1.63MPa左右，事故段管线未发现异常。 8：45，Z输油管线启输，经现场、站库和公司调控中心跟踪观察，输油运行正常。	1. 加强对远控阀室的日常维护确保远控阀室的可靠性； 2. 加强对远控阀室的远程操作与就地操作演练。
十	9：20，现场油污清理工作已完成约70%，经请示应急指挥中心总指挥，公司级应急预案解除，X输油处处级应急预案保持启动状态。 第三日14：05，X输油处解除处级应急预案。	应急处置结束后，经现场应急指挥部确认满足公司应急预案终止条件的，由公司应急指挥中心总指挥（或其委托人）下达公司级应急预案终止指令。
反思	反思此次事件的应急处置过程，应该说在对突发事件信息接报处置、管线应急停输、前期工艺处置、公司抢维修力量动员等方面的工作是及时、到位的，但也暴露出了在应对突发事件方面还存在以下问题： （1）事件初期对现场情况探查不细，信息传递不准确。主要表现在： ① 没有尽快摸清泄漏原油污染范围，且汇报的污染范围说法不一。尤其严重的是，在我方人员达到现场4h内没有及时了解到原油已经通过排涝泵排入临近河，使得前期对现场局势产生误判，因此在资源调拨、工作重点安排等方面产生严重偏差，错过了控制事态范围的最佳时机。公司应急办在指挥过程中没有及时提醒现场人员扩大探查范围，存在一定的失职。 ②管线埋深数据探查不准确，严重影响了抢修方案的制定。 ③现场信息收集、上报缺乏统一安排，天线多，信号杂。	

续表

节点	事件过程描述	处置过程分析
反思	（2）与地方的沟通技巧和经验不足。事件处置过程中，从公司应急办到现场人员关注较多的是事件本身，忽视了和地方政府部门的沟通，造成处置工作的被动。 （3）对事态判断和处理方案的考虑存在经验主义倾向。 （4）环保意识不强。漏油事件发生后只关注如何抢修管道及尽快恢复输油，没有考虑可能引起的环保问题。	

二、憋压

以某管线某计量站因炼厂倒错流程造成计量站发生憋压事故，进行过程分析与反思，见表5-2。

表5-2　憋压事故过程分析与反思

节点	事件过程描述	处置过程分析
一	某月某日21：20分，计量站调度通知相关炼厂总调度"我方管线需要提量，请做好相应准备和监护"。 21：52分，计量站流量计入口压力显示高高报警，流量计间发生憋爆泄漏。 21：52，该计量站启动站级应急预案。 21：53，该计量站向公司调控中心汇报，公司调控中心要求现场设立警戒，监测可燃气体浓度，做好安全防护措施，并立即安排全线紧急停输。	1. 我方调度与对方调度进行沟通时，对方未按规定使用普通话，并未按规定进行清晰复述，炼厂调度人员误认为停输而进行流程切换（关闭阀门）造成事故的发生。 2. 启动应急预案级别，做好初期工艺应急处置，安排管线停输。
二	22：04，输油管道全线停输。 22：05，我方通知炼厂消防队做好消防警戒。 22：10，关闭进站相关阀门，并通知炼厂关闭进场阀门。	工艺应急处置停输后，关闭站内相关阀门。
三	21：55，输油处启动处级外管道原油泄漏应急预案。 22：20，处级应急指挥中心相关人员到达现场，进行抢险指挥。安排关闭出站相关阀门。 22：30，处级抢维修队赶赴现场。	1. 处级预案启动，在上级指派的应急总指挥到达事发现场前，在场的最高行政领导为现场总指挥。在采取控制措施的同时，处级应急办在半小时内向公司应急办提交书面《突发事件信息报告单》，至少每半小时上报公司应急办公室现场情况。 2. 处级应急预案启动后，公司级应急预案处于待命状态。
四	22：39，关闭出站相关阀门和排污系统，告知炼厂，关闭入江口阀门，避免泄漏原油流入附近江河。	原油泄漏首先应关注是否会引发环境污染。
五	现场指挥中心对泄漏原油进行处理，并检查确认计量站其他设备设施是否损坏。	对泄漏原油收集处理时，要注意防火防爆，硫化氢及可燃气体实时监测。

节点	事件过程描述	处置过程分析
六	次日凌晨3：30左右，抢维修队到达现场，对阀门处的管线漏点进行补板，对阀门的法兰螺栓进行紧固。 12：00左右，流量计厂家到达现场，对过滤器进行拆除，抢维修队配合，20：55分流量计的过滤器封堵完毕。 21：00，恢复流程，倒通炼厂收油工艺流程。 22：00，输油生产恢复正常。处级预案解除。	恢复生产时，要密切观察设备运行情况，逐级提高输量。
反思	这是一起典型的违规操作事故。虽然责任在炼厂，但也反映出计量交接站存在以下问题： （1）沟通不畅。与炼厂交接的计量站，在和对方沟通时，未按规范的调度用语进行清晰复述，在对方进行流程切换时，我方人员没有认真及时确认。 （2）监控不到位。计量站相关人员对炼厂流程切换时，没有认真监控压力波动，致使炼厂关闭阀门时，没有及时发现本站压力上升。 （3）工艺设计不完善。当时计量站未设置低压保护系统，发生憋压，计量站不能进行安全联锁保护泄放。	

三、清管器卡堵

以某管线发生清管器卡堵事故，进行过程分析与反思，见表5-3。

表5-3   清管器卡堵事故过程分析与反思

节点	事件过程描述	处置过程分析
一	某月某日9：39，X输油处Y站清管器破裂或清管器卡堵在三通处，无法建立清管器启动压差，清管器停止运行，此时管线压力变化不大。 9：40，Y输油站启动站级应急预案。 9：41，X输油处向公司调控中心汇报，公司调控中心要求根据现场情况立即制定处置措施。	1. Y站负责检查旁通阀门是否关闭； 2. 启动应急预案级别，明确现场临时指挥； 3. 及时判断卡堵位置； 4. 切换相关流程，设法建立清管器运行所需的前后压差； 5. 现场至少半小时汇报一次现场采取措施和事态控制情况； 6. 若确实无法解决，可以考虑再发一个清管器，重新建立清管器运行所需的前后压差。
二	11：00分，Y站多次进行流程切换未果，且出站压力持续上升，进站压力持续下降，清管器停止运行。这种现象可能由于管道内存在较大的异物、蜡或杂质太多或管道变形导致。	1. 及时判断卡堵位置； 2. 增大输量，提高压力，以增大压差，但应保证清管器后压力不超过管道允许最高工作压力； 3. 若上述方法不成功，具备反输条件的管道可采用短时间反输再正输的方法推动清管器； 4. 如清管器还不能运行，则应采取在清管器运行方向的前方开孔放蜡或杂质； 5. 若清管器仍不能运行，对于有允许停输时间限制的热输管道应采取不停输封堵的方法取出清管器，对于常温运行管道应采取停输封堵方式取出清管器。

续表

节点	事件过程描述	处置过程分析
三	12：00分，X输油处启动处级应急预案。	1. 处级预案启动，在上级指派的应急总指挥到达事发现场前，在场的最高行政领导为现场总指挥。在采取控制措施的同时，处级应急办在半小时内向公司应急办提交书面《突发事件信息报告单》，至少每半小时上报公司应急办公室现场情况； 2. 处级应急办通知地方政府相关部门协助抢修、人员疏散、警戒、消防监护等。
四	12：28分，公司调控中心向炼厂通报管线因卡堵停输抢修，再启输时间不确定，建议炼厂降低加工量。	通报这些事项一定要得到对方确认，问清对方姓名，询问对通报事项是否已经清楚等。
五	12：59，公司抢维修中心人员、设备集结完毕；13：05，出发赶赴现场。	处级应急预案启动后，公司级应急预案处于待命状态。
六	18：13，公司抢维修中心人员、设备陆续到达现场。 次日6：30，现场报告，清管器取出，抢修结束。 8：45，Z输油管线启输，经现场、站库和公司调控中心跟踪观察，输油运行正常。	1. 加强对清管器的跟踪，发现信号丢失或参数异常及时汇报、及时采取措施； 2. 加强清管器卡堵应急演练。
七	9：20，X输油处处级应急预案解除，站级应急预案保持启动状态。 14：05，X输油处解除站级应急预案。	应急处置结束后，经现场应急指挥部确认满足处级应急预案终止条件的，由处应急指挥中心总指挥（或其委托人）下达预案终止指令。

四、硫化亚铁自燃

以某年某月某日X输油站2000m³泄压罐在清罐过程中发生硫化亚铁自燃事件，进行过程分析和反思，见表5-4。

表5-4　硫化亚铁自燃事故过程分析与反思

节点	事件过程描述	处置过程分析
一	某月某日X输油站2000m³泄压罐清理中，在前期向罐内充装惰性气体，并经现场检测含氧量、可燃气体、硫化氢含量均在允许范围内， 15：00，现场施工人员在安全员监督下，打开罐顶部透光孔。 16：15，打开该泄压罐人孔进行通风。 16：37，现场施工人员撤出罐区防火堤外休息。 16：52：35（视频监控时间），X输油站值班员发现2000m³泄压罐顶部冒出白烟（42s后变为黑烟），立即向站长、值班干部、输油处值班调度进行汇报。 16：53，现场安全员安排施工人员撤离。	1. 值班人员认真负责，及时发现生产区内的异常情况； 2. 信息接报及时向相关人员进行了反应，提醒意识到位； 3. 及时根据现场情况安排人员进行疏散，安全意识较强。

续表

节点	事件过程描述	处置过程分析
二	16:53，X 输油站启动站队级应急预案，安排人员启动消防泵，同时组织人员到罐区实施灭火。 16:54，X 输油处启动处级应急预案，相关应急处置组赶往现场进行应急处置。	根据信息接报情况，站队与输油处响应迅速，逐级启动相应应急预案。
三	16:54:35，X 输油站消防泵启动。 17:01，罐顶上烟雾已明显减弱。因罐的人孔处向外流淌泡沫液，安排人员将罐下部人孔封闭。 17:06，罐顶烟气基本消失。 17:10，X 输油站联系地方政府支援一台泡沫消防车。 17:30，支援的消防车到位。 18:00，X 输油站站内泡沫液用完，为防止复燃，由消防车继续向罐内喷洒泡沫。 18:15，X 输油处应急处置小组到达现场，移交指挥权后安排布置后期处置。为防止发生复燃，联系消防支队 1 台消防车到 X 输油站进行应急值班。 19:00，应急处置结束。 14 日 00:10，消防支队到位值守。	1. 处级预案启动，在上级指派的应急总指挥到达事发现场前，在场的最高行政领导为现场总指挥。在采取控制措施的同时，处级应急办在半小时内向公司应急办提交书面《突发事件信息报告单》，至少每半小时上报公司应急办公室现场情况； 2. 预案启动后及时与地方政府联动进行事态控制。
四	现场后期处置措施：一是完全封闭泄放罐清扫孔、人孔和透光孔等通风口；二是向罐内注水，浸没罐内的蜡质及胶质等混合物；三是安排人员加强对泄放罐的安全监控和巡查。	
五	原因分析：现场取 3 份样品。1# 为罐顶粉末样品（取样位置在呼吸阀内，系已发生着火冒烟之后得到的残留固体）；2# 为罐内半固体状原油样品（系罐内主要残留物，性质为硬度大且黏度大）；3# 为罐内液状沉积样品（性质为硬度及黏度较小的油状可流动液体）。 石油大学对样品的分析结果：1# 固体样品中铁元素含量为 7.78%，2# 和 3# 样品中的铁元素含量分别为 0.54% 和 0.058%，远超过一般原油中常见的铁元素含量（0.001 ~ 0.005）。2# 样品的硫含量为 1.60%，固体机械杂质明显含有 Fe_3O_4、FeS_2 和 FeS 等固体成分，且这些固体均呈现微晶形态。3# 样品的机械杂质中明显含有 FeS_2 等微晶成分。这些微晶形态的硫化亚铁（FeS）或二硫化亚铁（FeS_2）等固体成分含量过多，暴露在空气中易引起 FeS 自燃，加之油气和油泥的易燃、易爆性，进而引发自燃。	
反思	反思此次事件的应急过程，X 输油站站控值班员能够及时发现生产区异常情况并报告及时，站队应急响应和应急处置果断迅速，确保了泄压罐自燃得到了及时有效控制，避免了可能发生更严重的后果，没有造成人员伤亡和大的负面社会影响，应急处置是积极有效的，同时暴露出如下问题：	

续表

节点	事件过程描述	处置过程分析
反思	1. 应急报告不规范。X 输油处接到 X 输油站报告后，没有按照《管道储运有限公司输油生产及工程建设相关事件应急管理办法》（石化管道储运运销〔2015〕152 号）在规定时间内及时向公司应急办报告。如果事态扩大，公司不能及时预警，可能对整个应急处置带来被动。X 输油站在应急报告中，执行了内部报告程序，没有及时向地方应急办进行报告，如果事态无法控制，将影响及时救援。 2. 危害识别不到位。清罐方案中没有识别出长期输送高含硫化氢原油的储存设施可能存在硫化亚铁（FeS）自燃的危害及采取相应的管控措施；X 输油站在进行油罐清洗安全作业分析（JSA）中，没有识别出硫化氢中毒危害及采取相应的控制措施。 3. 劳动保护、个体防护不到位。部分施工人员劳保着装不规范，没有穿着统一配发的工装；打开泄压罐人孔和透光孔作业时没有佩戴硫化氢个体防护用品。 4. 站区视频监控有待完善。未能严格执行《中国石化安全视频监控系统配置管理规定》（中国石化〔2015〕674 号），泄放罐的监控存在盲区；事发时监控泄放罐的视频监控主机硬件存在问题，导致存储回放功能不正常。	

五、管道凝管

某管道输送高凝、高黏、高含蜡原油，采用加热输送方式，长期处于超低输量运行状态。

在进行停输再启动试验，累计停输 24h 后，再启动时，南线末端发生干线凝管事故。随后立即采取高温、高压、顶挤措施，采取向干线注柴油、开孔泄放方式，于 6 天后恢复正常。

（一）事故发生经过及采用的处置措施

停输再启动实验前两站双泵运行，4 座加热站热力越站，首站出压 1.90MPa，中间泵站出压 3.30MPa，日输量 2900t。

①开始停输再启动实验，停输 24h 后再启动，首站出压 2.35MPa，中间泵站出压 3.05MPa。北线顺利启动，但南线启动后运行压力持续上升，输油量仅有 15m³/h 左右，确认末端干线凝管。立即采取高温、高压、顶挤措施，但效果不明显。24h 后管线输量降至 0，中间泵站出站压力最高 4.19MPa。

②在凝管段上站采用高压水泥车向干线注入柴油，输量上升至 40m³/h 左右，注入站最高顶挤压力为 4.4MPa。在凝管段中间位置对干线实施开孔排放凝油，同时保持高温、高压顶挤。24h 后干线压力开始逐渐恢复，输量上升至 80m³/h 左右。24h 后输量上升至 141m³/h 左右，各站进站温度逐渐恢复，管线温度场逐渐恢复。

③继续顶挤、注入柴油，48h 后南线干线压力逐渐由 4MPa 下降至 3MPa，管线输量维持在 3200t/d 左右，管线运行情况恢复正常。

（二）事故原因分析

1. 对原油物性认识不足

受所输油品性质的制约，当管内原油温度下降至反常点时，会出现结蜡高峰，直至发生凝管，同时由于所输原油黏度较高，停输后再启动时，需要较高的剪切应力，方可实现再启动。

2. 实验方案未进行充分论证

在编制停输再启动方案时，过分依赖理论计算，未紧密联系管线输油生产实际情况，未进行充分论证，停输时间过长，造成该方案脱离实际，导致干线凝管事故的发生。

3. 停输前工艺准备不足

管线在进行停输再启动实验前，管线的运行压力较高，说明管线的结蜡已经较严重，并有 4 座加热站正在进行热力越站，同时管线输量与设计输量相比严重偏低，输油工艺基础不具备进行停输再启动实验条件。

4. 停输再启动实验安全裕量不足

停输再启动实验未采取循序渐进的方式，通过逐渐增加停输时间的方式进行实验，初始停输时间过长，造成管线停输再启动失败、干线凝管。

（三）事故反思及教训

1. 充分认识管线的运行风险

管线输送"三高"原油，同时管线输量的严重不足，对管线安全运行构成重大威胁，存在干线凝管的重大风险，应时刻保持清醒的认识，充分认识管线运行的风险。应做好管线的日常管理工作，严格执行各项管理制度和操作规程。重点做好管线停输管控，全力压缩管线停输时间，通过正反输交替运行、热洗等工艺措施，有效降低管线运行压力，不断积累、总结管线安全管理经验，确保管线安全、平稳运行。

2. 要充分论证工艺实验的可行性

在进行工艺实验时，要进行充分的可行性论证，工艺实验方案要紧密结合管线线输油生产实际，结合管线实际运行管理经验，提高工艺实验安全系数，切实降低工艺实验风险，确保管线安全。

3. 要切实做好应急工作

应急准备不足，应急措施滞后。干线凝管发生后，高温、调压顶挤效果差且用时过长，干线注入柴油及开孔泄放措施较滞后。在加强应急演练的同时，要有针对性地切实做好应急准备工作，包括应急物资、人员、财力等各方面，做到有备无患，反应迅速，应急处置果断、正确。

六、SCADA 系统故障

某管道输送进口原油与国产原油混油，采用常温密闭输送方式，长期处于较大输量运行状态。

中间输油站出站压力变送器故障，引发本站出站调节阀动作（由 100% 关至 15%）、输油泵跳泵，造成本站进站压力超高，上站进、出站压力超高，立即安排紧急停输，安排对外管道巡线及对相关站场设备管线进行检查。经巡检未见异常，在故障排除后，安排管线启输，管线恢复正常输油生产。

（一）事故发生经过及采用的处置措施

某中间输油站出站压力报警。SCADA 系统显示出站压力值由 6.7MPa 瞬时上升至 10MPa，输油站值班员向徐州调控中心汇报该站出站压力值显示 10MPa。

调控中心通知该输油站将出站调节阀切换至就地，并打开旁通阀，同时安排上站紧急停泵，全线紧急停输，并要求全线巡线和对相关站场设备进行检查。

本站将调节阀打至就地，并打开旁通阀。上站停运输油泵，全线停输完毕。

外管道及站场经巡检未见异常。抢维修人员现场检查发现，故障为压力变送器故障。排除故障后，安排管线启输，启输后管线运行正常。

（二）事故原因分析

压力变送器故障：输油站出站压力变送器的传感芯片故障，导致输出信号异常，触发联锁动作。

（三）事故反思及教训

各单位要认真吸取事件教训，举一反三，杜绝此类事件再次发生：

①认真总结分析已发生的联锁保护系统故障，继续完善联锁保护系统功能，加强各类联锁的维护和管理；

②增强风险识别意识，针对关键设备、仪表故障制定相应的应急处置演练方案并加强专项演练，提高应急处置能力。

七、输油站场失电

某大型输油站库，主要流程有两进（接收两个上游站库来油）两出（向两条管道输油），一级调度中控管理，接收输送进口原油，长期处于较大输量运行状态。

某输油站突然全站停电，站内运行的给油泵和输油泵停机。对站内输油设备、外电线路和站变进行检查，未见异常。经询问上级变电所确认因风雨和空气湿度较大造成线路瞬时接地，造成站内失电。上级变电恢复正常供电后，恢复正常输油生产。

（一）事故发生经过及采用的处置措施

某输油站突然全站停电，站内两条外输管线运行的四台给油泵、五台输油泵突然跳泵。调控中心发现情况后立即询问输油站情况，并安排外输管线下游各输油站根据压力情况逐级减泵停输，同时将来油管线相关阀门切换至就地状态。

安排对站内输油设备、外电线路和站变系统进行检查，均未见异常。经询问上级变电所确认因风雨和空气湿度较大造成线路瞬时接地，导致输油站失电。

上级变电恢复正常供电后，安排两条外输管线启输，将来油管线相关阀门恢复正常状态，输油生产恢复正常。

（二）事故原因分析

上级变电所因风雨和空气湿度较大造成线路瞬时接地，造成输油站失电。

（三）事故反思及教训

各单位要认真吸取事件教训，举一反三，杜绝此类事件再次发生：

（1）认真总结分析已发生的地方供电故障对输油生产的影响情况，加强与上级供电部门的沟通，采取可行的措施消除失电风险；

（2）增强风险识别意识，针对站场失电风险制定相应的应急处置演练方案并加强专项演练，提高应急处置能力。

思考题

1. 应急值班人员实行24h值班，请分别简述突发事件接报程序的六个环节。

2. 某密闭运行管道，首站和中间站均有运行的输油泵，当中间站因外电线路停电甩泵时，会有什么现象？应该如何处置？

附录 原油标准密度、相对密度换算表

°API	$d_{15.6}^{15.6}$	$\rho_{20}/$ (g/cm³)	$\rho_{15.6}/$ (g/cm³)	°API	$d_{15.6}^{15.6}$	$\rho_{20}/$ (g/cm³)	$\rho_{15.6}/$ (g/cm³)
0	1.0760	—	1.0754	25.0	0.9042	0.9006	0.9037
0.5	1.0720	—	1.0713	25.5	0.9013	0.8977	0.9008
1.0	1.0679	—	1.0673	26.0	0.8984	0.8948	0.8979
1.5	1.0639	—	1.0632	26.5	0.8956	0.8920	0.8951
2.0	1.0599	—	1.0593	27.0	0.8927	0.8891	0.8923
2.5	1.0560	—	1.0553	27.5	0.8899	0.8864	0.8895
3.0	1.0520	—	1.0514	28.0	0.8871	0.8835	0.8867
3.5	1.0481	—	1.0475	28.5	0.8844	0.8807	0.8839
4.0	1.0443	—	1.0436	29.0	0.8816	0.8779	0.8811
4.5	1.0404	—	1.0398	29.5	0.8789	0.8752	0.8784
5.0	1.0366	—	1.0360	30.0	0.8762	0.8725	0.8757
5.5	1.0328	—	1.0322	30.5	0.8735	0.8698	0.8730
6.0	1.0291	—	1.0285	31.0	0.8708	0.8671	0.8703
6.5	1.0254	—	1.0247	31.5	0.8681	0.8642	0.8676
7.0	1.0217	—	1.0210	32.0	0.8654	0.8617	0.8650
7.5	1.0180	—	1.0174	32.5	0.8628	0.8591	0.8624
8.0	1.0143	—	1.0137	33.0	0.8602	0.8564	0.8597
8.5	1.0107	1.0074	1.0101	33.5	0.8576	0.8538	0.8571
9.0	1.0071	1.0039	1.0065	34.0	0.8550	0.8512	0.8545
9.5	1.0035	1.0004	1.0029	34.5	0.8524	0.8486	0.8520
10.0	1.0000	0.9968	0.9994	35.0	0.8499	0.8460	0.8494
10.5	0.9965	0.9933	0.9959	35.5	0.8473	0.8435	0.8469
11.0	0.9930	0.9897	0.9924	36.0	0.8448	0.8409	0.8443
11.5	0.9895	0.9852	0.9889	36.5	0.8423	0.8384	0.8418
12.0	0.9861	0.9828	0.9855	37.0	0.8398	0.8359	0.8393
13.0	0.9792	0.9760	0.9787	37.5	0.8373	0.8335	0.8369
13.5	0.9759	0.9726	0.9753	38.0	0.8348	0.8309	0.8344

°API	$d_{15.6}^{15.6}$	$\rho_{20}/$ (g/cm³)	$\rho_{15.6}/$ (g/cm³)	°API	$d_{15.6}^{15.6}$	$\rho_{20}/$ (g/cm³)	$\rho_{15.6}/$ (g/cm³)
14. 0	0. 9725	0. 9692	0. 9719	38. 5	0. 8324	0. 8284	0. 8319
14. 5	0. 9692	0. 9658	0. 9686	39. 0	0. 8299	0. 8260	0. 8295
15. 0	0. 9659	0. 9625	0. 9653	39. 5	0. 8275	0. 8236	0. 8271
15. 5	0. 9626	0. 9592	0. 9620	40. 0	0. 8251	0. 8212	0. 8247
16. 0	0. 9593	0. 9560	0. 9588	40. 5	0. 8227	0. 8188	0. 8223
16. 5	0. 9561	0. 9527	0. 9555	41. 0	0. 8203	0. 8163	0. 8199
17. 0	0. 9529	0. 9495	0. 9523	41. 5	0. 8179	0. 8139	0. 8175
17. 5	0. 9497	0. 9463	0. 9491	42. 0	0. 8156	0. 8116	0. 8152
18. 0	0. 9465	0. 9430	0. 9459	42. 5	0. 8132	0. 8092	0. 8128
18. 5	0. 9433	0. 9399	0. 9428	43. 0	0. 8109	0. 8069	0. 8105
19. 0	0. 9402	0. 9368	0. 9397	43. 5	0. 8086	0. 8046	0. 8082
19. 5	0. 9371	0. 9337	0. 9366	44. 0	0. 8063	0. 8028	0. 8059
20. 0	0. 9340	0. 9306	0. 9335	44. 5	0. 8040	0. 7999	0. 8036
20. 5	0. 9309	0. 9275	0. 9304	45. 0	0. 8017	0. 7976	0. 8013
21. 0	0. 9279	0. 9244	0. 9273	45. 5	0. 7994	0. 7954	0. 7991
21. 5	0. 9248	0. 9213	0. 9243	46. 0	0. 7972	0. 7931	0. 7968
22. 0	0. 9218	0. 9183	0. 9213	46. 5	0. 7949	0. 7909	0. 7946
22. 5	0. 9188	0. 9153	0. 9183	47. 0	0. 7927	0. 7886	0. 7924
23. 0	0. 9159	0. 9123	0. 9153	47. 5	0. 7905	0. 7864	0. 7902
23. 5	0. 9129	0. 9094	0. 9124	48. 0	0. 7883	0. 7842	0. 7880
24. 0	0. 9100	0. 9065	0. 9095	48. 5	0. 7861	0. 7820	0. 7858
24. 5	0. 9071	0. 9035	0. 9065	49. 0	0. 7839	0. 7798	0. 7836
49. 5	0. 7818	0. 7776	0. 7814	75. 0	0. 6852	0. 6805	0. 6851
50. 0	0. 7796	0. 7755	0. 7793	75. 5	0. 6836	0. 6788	0. 6834
50. 5	0. 7775	0. 7732	0. 7771	76. 0	0. 6819	0. 6772	0. 6818
51. 0	0. 7753	0. 7711	0. 7750	76. 5	0. 6803	0. 6754	0. 6801
51. 5	0. 7732	0. 7690	0. 7729	77. 0	0. 6787	0. 6738	0. 6785
52. 0	0. 7711	0. 7669	0. 7708	77. 5	0. 6770	0. 6722	0. 6769
52. 5	0. 7690	0. 7648	0. 7687	78. 0	0. 6754	0. 6706	0. 6753
53. 0	0. 7669	0. 7621	0. 7666	78. 5	0. 6738	0. 6690	0. 6737
53. 5	0. 7649	0. 7606	0. 7646	79. 0	0. 6722	0. 6674	0. 6721
54. 0	0. 7628	0. 7585	0. 7625	80. 0	0. 6690	0. 6641	0. 6689

°API	$d_{15.6}^{15.6}$	$\rho_{20}/$ (g/cm^3)	$\rho_{15.6}/$ (g/cm^3)	°API	$d_{15.6}^{15.6}$	$\rho_{20}/$ (g/cm^3)	$\rho_{15.6}/$ (g/cm^3)
54.5	0.7608	0.7565	0.7605	80.5	0.6675	0.6625	0.6673
55.0	0.7587	0.7544	0.7584	81.0	0.6659	0.6610	0.6658
55.5	0.7567	0.7524	0.7564	81.5	0.6643	0.6594	0.6642
56.0	0.7547	0.7504	0.7544	82.0	0.6628	0.6578	0.6626
56.5	0.7527	0.7484	0.7524	82.5	0.6612	0.6563	0.6611
57.0	0.7507	0.7463	0.7504	83.0	0.6597	0.6548	0.6596
57.5	0.7487	0.7443	0.7484	83.5	0.6581	0.6531	0.6580
58.0	0.7467	0.7423	0.7464	84.0	0.6566	0.6516	0.6565
58.5	0.7447	0.7404	0.7445	84.5	0.6551	0.6501	0.6550
59.0	0.7428	0.7384	0.7425	85.0	0.6536	0.6486	0.6535
59.5	0.7408	0.7364	0.7406	85.5	0.6521	0.6471	0.6520
60.0	0.7389	0.7345	0.7387	86.0	0.6506	0.6456	0.6505
60.5	0.7370	0.7325	0.7367	86.5	0.6491	0.6441	0.6490
61.0	0.7351	0.7306	0.7348	87.0	0.6476	0.6426	0.6475
61.5	0.7332	0.7287	0.7329	87.5	0.6461	0.6410	0.6460
62.0	0.7313	0.7268	0.7310	88.0	0.6446	0.6396	0.6446
62.5	0.7294	0.7249	0.7291	88.5	0.6432	0.6381	0.6431
63.0	0.7275	0.7220	0.7273	89.0	0.6417	0.6366	0.6416
63.5	0.7256	0.7211	0.7254	89.5	0.6403	0.6352	0.6402
64.0	0.7238	0.7192	0.7236	90.0	0.6388	0.6337	0.6387
64.5	0.7219	0.7174	0.7217	90.5	0.6374	0.6321	0.6373
65.0	0.7201	0.7156	0.7199	91.0	0.6360	0.6308	0.6359
65.5	0.7183	0.7138	0.7181	91.5	0.6345	0.6294	0.6345
66.0	0.7165	0.7119	0.7162	92.0	0.6331	0.6279	0.6330
66.5	0.7146	0.7100	0.7144	92.5	0.6319	0.6263	0.6316
67.0	0.7128	0.7082	0.7126	93.0	0.6303	0.6251	0.6302
67.5	0.7111	0.7061	0.7109	93.5	0.6289	0.6237	0.6288
68.0	0.7093	0.7047	0.7091	94.0	0.6275	0.6222	0.6274
68.5	0.7075	0.7029	0.7073	94.5	0.6261	0.6209	0.6261
69.0	0.7057	0.7011	0.7055	95.0	0.6247	0.6195	0.6247
69.5	0.7040	0.6994	0.7038	95.5	0.6233	0.6181	0.6233
70.0	0.7022	0.6975	0.7020	96.0	0.6220	0.6167	0.6219

°API	$d_{15.6}^{15.6}$	$\rho_{20}/$ (g/cm^3)	$\rho_{15.6}/$ (g/cm^3)	°API	$d_{15.6}^{15.6}$	$\rho_{20}/$ (g/cm^3)	$\rho_{15.6}/$ (g/cm^3)
70.5	0.7005	0.6958	0.7003	96.5	0.6206	0.6154	0.6206
71.0	0.6988	0.6941	0.6986	97.0	0.6193	0.6140	0.6192
71.5	0.6970	0.6924	0.6969	97.5	0.6179	0.6127	0.6179
72.0	0.6953	0.6907	0.6952	98.0	0.6166	0.6112	0.6165
72.5	0.6936	0.6890	0.6935	98.5	0.6152	0.6099	0.6152
73.0	0.6919	0.6873	0.6918	99.0	0.6139	0.6086	0.6139
73.5	0.6902	0.6855	0.6901	99.5	0.6126	0.6072	0.6125
74.0	0.6886	0.6838	0.6884	100.0	0.6112	0.6059	0.6112
74.5	0.6869	0.6821	0.6867				

参 考 文 献

［1］中国石油管道公司. 油气管道化学添加剂技术. 北京：石油工业出版社，2010.

［2］黄春芳. 石油管道输送技术. 北京：中国石化出版社，2016.

［3］杨筱蘅. 输油管道设计与管理. 东营：中国石油大学出版社，2006.

［4］SY/T 5767—2005，管输原油降凝剂技术条件及输送工艺规范［S］.

［5］王贵生，邓寿禄. 节能管理基础. 北京：中国石化出版社，2011.

［6］郭光臣. 油库设计与管理. 北京：中国石油大学出版社，2006.

［7］中国石油天然气集团公司职业技能鉴定指导中心. 输油工. 北京：石油工业出版社，2010.

［8］陈庆勋，桑广世. 大落差管道的一些技术问题. 油气储运，1998，17（12）：11－13.

［9］韩春宇. 东黄输油管道泄漏检测问题分析. 油气储运，2004，23（8）：56－58.

［10］黄维和，正红龙，王婷. 我国油气管道建设运行管理技术及发展展望. 油气储运，2014，33（12）：1259－1262.

［11］祝悫智，吴超，李秋阳，等. 全球油气管道发展现状及未来趋势. 油气储运，2017，36（4）：375－380.

［12］回燕丹. 基于SCADA的惠家河输油站站控系统研究［D］. 西安：西安石油大学，2013.

［13］苏杭. 原油管道能耗优化［D］. 西安：西安石油大学，2017.

［14］潘海源. 输油管线优化运行技术研究［D］. 北京：中国石油大学，2007.

［15］杨兴兰，张鹏，张志勇，曾渊奇. 热油管道优化运行研究现状. 天然气与石油，2009，27（2）：8－12.

［16］王珂，罗金恒，董保胜，等. 我国在役油气老管道运行现状. 焊管，2009，32（12）：61－65.

［17］SY/T 0003—2012，石油天然气工程制图标准［S］.

［18］SY/T 0009—2012，石油地面工程设计文件编制规程［S］.

［19］SY/T 0043—2006，油气田地面管线和设备涂色规范［S］.

［20］压力管道设计统一技术规定. 华东管道设计研究院，2010.

［21］霍连风. 顺序输送管道调度计划动态模拟研究［D］. 西安：西安石油大学，2006.

［22］徐林猛. 石脑油管线动火施工前的工艺处理方法. 化工管理，2015（14）：73.